风电
作业危险点辨识及预控

内蒙古华电辉腾锡勒风力发电有限公司
天津海蓝潮文化传播有限公司 | 编

中国电力出版社
CHINA ELECTRIC POWER PRESS

内 容 提 要

为使风电作业人员在日常工作中对所面对的风电场作业环境、设备及潜在的人身与设备危险点有所辨识和警觉，从而规避并彻底杜绝危险的发生，特编撰《风电作业危险点辨识及预控》一书。本书在对危险点辨识进行思考及内容梳理的基础上，着重描述了有关危险点在作业环境中的辨识及预控，是一本难得的风电作业安全生产工具书。

本书可供风电作业人员参考使用。

图书在版编目（CIP）数据

风电作业危险点辨识及预控 / 内蒙古华电辉腾锡勒风力发电有限公司，天津海蓝潮文化传播有限公司编 . —北京：中国电力出版社，2013.6（2020.5重印）
ISBN 978–7–5123–4483–9

Ⅰ.①风… Ⅱ.①内…②天… Ⅲ.①风力发电 – 电力工程 – 安全技术 Ⅳ.① TM614

中国版本图书馆 CIP 数据核字 (2013) 第 107847 号

风电作业危险点辨识及预控

中国电力出版社出版、发行　　　　　北京盛通印刷股份有限公司印刷　　　　　各地新华书店经售
（北京市东城区北京站西街19号 100005 http://www.cepp.sgcc.com.cn）
2013年6月第一版　　　　　　　　2020年5月北京第三次印刷　　　　　　　印数4001—5500册
700毫米×1000毫米　　横16开本　　7.25印张　　100千字　　　　　　　　定价35.00元

版 权 专 有　侵 权 必 究

编 委 会

前　　言

　　风力作为能源，广泛用于风电领域。风力开发在促进风电产业发展的同时，也造就了风电设备产业的形成。风电设备作为风电产业中的重要资源，其安全运行状态也必然制约着风电产业的健康运行。

　　风电领域不同于火电企业，有着自身的特殊性。如何控制风电作业危险源和危险点，不仅仅是风电企业管理者的职责所在，更需要一定的技术素养。不论是风电设备还是风电场的日常运行，安全和稳定生产是风电企业管理者每天都要面对的管理要项。因此，如何对待风电人身和设备安全，就成为风电企业必要且重要的管理环节。

　　编撰《风电作业危险点辨识及预控》一书，是为了能使从事风电作业的人员在日常工作中，对所面对的风电场作业环境、设备及潜在的人身与设备危险点有所辨识和警觉，从而规避并彻底杜绝危险的发生。本书系统梳理了风电作业的安全管理技术指导内容，基本涵盖了风电行业有关维护与检修需要注意的危险点辨识及预控手段，力求为风电从业人员在风电作业危险点辨识及预控上提供好的指导意见，从而为风电企业的安全运行做些有意义的工作。

　　本书吸纳了大量的有关风电企业危险点辨识的知识，并广泛征求了从事风电领域工作的领导和员工的意见，是一本"接地气"的风电危险点辨识及预控的指导性手册。

　　本书在编制过程中，得到了许多领导和专家及从业者的大力支持，在此一并表示感谢！

　　限于作者水平，书中疏漏之处在所难免，敬请广大读者批评指正并多提宝贵意见。

侯昭湖　　胡凤林

目录

目 录

概　述　关于危险点辨识的思考

关于危险点辨识的 思考

危险点，是伴随人类社会和家庭生活状态的一种现象，可以说无处不在。

危险点具有一定的隐蔽性和可诱发性，是人与人、人与物、物与物之间的潜在危机，其状态的多变性使危险点在辨识和控制上出现了多重难点，但危险点有一定的规律可循，可根据经验及分析预知，并具有可预防的特点。

危险点是不以人们想象而产生的，但却可随着人的意志有所转移并被克服，从而使其诱发几率降低，隐患得到缓解和解决，潜在性得到治理，多变性受到控制。

危险点对社会和人类造成的潜在危机是时时的，其伤害程度小则可以忽略不计，大则不亚于自然灾害，因此在人类各项活动中，特别是生产活动中，做好对危险点的风险分析和控制工作是极其必要和重要的。尤其生产作业中对危险点的梳理和辨识，以及针对危险点辨识后进行的作业指导书编制，将是克服危险点所诱发危险的必要举措。以合理的预判，来有效控制风险的产生，从而达到安全生产的目的。

综上所述，任何环境和行为，尤其是具有生产性的行为，对危险点所容易造成的风险辨识和制订的控制措施，是需要特别给予关注的，尤其过程控制更为重要。

在生产作业中，人、机、料、法、环是促成生产作业结果的要素，缺一不可，反映在作业内容、作业环境、作业标准、工作者、工作方法、生产工具及必要的生产机械设备等元素中。这些元素所促成的生产结果，在每一个环节都有可能出现问题，所以超前分析和预判并查找可能威胁人身及设备设施的不安全因素，再依据标准、规定或措施等加以控制和克服，就能达到预防事故发生的良好效果。

在生产作业环境中，对危险点的辨识，除依靠经验、作业标准、违章控制和操作说明外，应对危险点辨识有系统性的思考和梳理。按照生产企业作业内容、环境及操作要求，有几个环节和要素需进行经常性的预判和控制。这主要分为以下内容：

一、生产组织

生产组织，是生产作业中的前期准备工作。这个阶段对危险点的预判体现在作业指导书或日常交底过程中，特别是生产一线班组的日常工作交底。危险点辨识和措施，是规定动作，不可替代，不可缺失；是生产原则，不容颠覆。

二、生产活动

生产活动，是生成危险点的必然途径。只要有生产活动，就会伴随产生危险点。这主要体现在生产活动中的人与人、人与物、物与物之间。如人与人之间在生产作业过程中的不经意伤害、高处坠物、人与物之间的生产对接、机械运行中的机械故障等，都是生产活动中造成危险点的常规内容。

三、生产违章

生产违章，是生成危险点的重要诱因。这是长期困扰生产企业安全管理的难题。各种各样的违章作业，使安全管理者应接不暇，其危害性直接影响企业的稳定发展。生产违章主要表现为高处作业不按规定佩戴安全带、不按规定使用火源、不按操作规程操作设备、冒险侥幸违章、短时违章等，都是生产违章的典型内容。

四、机械伤害

机械伤害，是企业生产过程中出现频率较高的一种伤害。对机械伤害的危险辨识，应从机械本身的构造和正确使用入手，常规的机械伤害有机械运转不正常或损坏、机械设备运转过程维护不当或缺失、机械检修不当

或检修不彻底、机械机具本身运转不正常等。这些因素是生产企业经常遇到的问题，真正解决起来并不难，但需要持之以恒。

五、环境状态

环境状态，是诱发生产不安全因素产生的重要原因之一。环境变化中的危险因素很多，除自然天气、温度等因素外，还有人为改变的环境状态因素，尤其是构筑物建设过程的环境变化，生产人员的惯性思维等原因，都很容易造成作业危险，如孔洞、沟道、隧道、临时基坑、临时开孔等均有演变成危险点的几率，都有可能造成环境突然改变带来的危险。

危险点的产生具有多重性，有的是自然形成的，有的是人为形成的，有的是环境形成的，但不管哪种方式形成，只要能够辨识出来，就能够得以解决。

在长期的生产安全管理中，人们逐步积累了许多经验和教训，从管理角度看，由于危险点因素诱发而形成的危险，通过管理是可以克服和解决的。从管理角度思考，有以下几个程序要遵照执行：

一是对危险点的梳理和辨识。

这是解决危险点诱发危险的首要工作，也是不可逾越的必要程序。只有尽可能地梳理出危险点，才有可能提前辨识和预知，为制定措施打下基础。

二是对危险点辨识后的分析。

对危险点进行分析时，应从对危险点现象整合、分析开始，分析出要项和易发项，并针对危险点的频次，整合出最基本的常规要素，形成典型和非典型内容，加以区别对待。

三是预控措施的正确建立。

建立具有针对性的有效预控措施，是克服危险点诱发危险最基础、最常规的工作，其内容的有效性和可执行性，体现了企业的安全思想和管理水平的高度。许多企业建立了大而全的危险点预控措施，但安全管理方面仍漏洞百出，这是预控措施的有效性与可执行性出了问题，是对危险点措施建立认识不够全面的体现。

四是人的行为特征体现出的安全管理特点及水平。

在安全管理工作中，强调安全管理重要性的同时，还应注重安全管理预控措施的有效性和可执行性。任何措施的建立，都不能离开有效和可执行两个方面，两者需相辅相成，否则，再高的安全管理思想也得不到落实，再全的管控措施也得不到切实执行。那么，如何鉴别安全管理措施的有效性和执行性呢？这就要确保作业者的行为特征与管理措施相吻合，这是体现企业安全管理水平的唯一条件。人的行为特征，是践行和体现安全管理的最直接反映，一个企业安全管理好坏的体现，从人的行为特征中即可显现，这是一个企业安全文化的所在，没有其他路径可走，也没有捷径可供选择。

危险点的认识，是管理者和生产者意识水平的体现，是企业综合管理素质的反映。因此，在危险点辨识及预控措施建立过程中，不仅需要依据法制条件，而且还需要针对企业状态、作业环境和生产要素加以有针对性的对待，特别是要借鉴已有的经验和教训加以辅佐，才可科学、理性且具有逻辑分析地制定措施。

危险点引起的隐患和危险能否克服，就看以怎样的态度对待。态度决定规矩，执行决定成败。

第一篇　危险点辨识及内容梳理

第一章 危险点辨识和控制要素

一、危险点如何辨识

危险点作为生产企业常用的安全属性词汇，是界定企业生产作业环境和人与设施在特定地点面临着的危险隐患或诱因的基本要素。

危险点形成的因素很多，其具有的漂移性，使靠经验辨识远远不能满足克服危险因素的需求。在关于危险点辨识的思考中，已经明确阐述了危险点存在的环境，就危险点存在的特性看，从以下五大类别中可以找到规律：

> (一) 生产设施或设备本身由于内在和外在因素构成的硬件隐患；
>
> (二) 生产环境改变或恶劣造成不适于作业的环境形成的隐患；
>
> (三) 生产辅助设施或工具不符合作业要求贸然作业造成的隐患；
>
> (四) 作业人员习惯性违章和生产陋习及侥幸心理造成的隐患；
>
> (五) 作业人员思想意识差和技术素质低且未经有效培训造成的隐患。

二、危险点如何分析

危险点辨识并加以分析，是对危险源控制的首要条件。在风电场常规作业中，危险点的诱因很多，不可能完全得以辨识，因此就需要敏锐的发现和认真的分析，并积累经验及教训。

如何分析危险点的存在，应根据上面所陈述的五大要素进行。在具体操作中，可从以下几个方面加以重视：

一是作业人员对生产设施或设备本身的熟悉程度。如：风电机的使用、控制、机械作业要领、运行维护规范、检修内容等。熟悉这些日常需要了解的要素，是对设施和设备界定是否存在硬件隐患的主要方法，深度了解其内容，自然会得当分析出隐患并加以控制。

二是生产环境造成的隐患。如：高处作业、大风、高温、易燃、易爆、邻近带电设备及风电机检修过程的金属容器操作等。这些内容都可以成为诱因，需要有针对性地给予关注。

三是生产辅助设施或工具造成的隐患。如：风电机上下爬梯安全保护设施出现的问题，工器具不适用、电动工具、起重设备、安全工器具存在问题等。这些内容可以是危险点的产生条件，也是日常工作中常见的条件，特别容易被忽略。

四是作业人员本身造成的隐患。如：作业人员无视安全操作程序或工艺流程、操作方法不正确、误操作、不履行安全生产职责、存在侥幸心理等。这些内容是企业经常需要面对的危险点产生条件，也是企业需要规范作业者行为的首要内容。

五是作业人员素质低下。如：技术水平低、没有生产经验、没有经过特殊培训、从业者能力不能满足作业要求、对生产现场不了解仓促工作等。这些诱因都是实实在在的危险点，不加以克服和解决，企业很难提高安全管理水平。

三、危险点如何控制

危险点的控制在于人们对危险点危害程度的了解，有许多已经辨识的危险点，作业人员仍然忽视，这是由于对危险点危害程度了解不深入造成的。因此在控制危险点时，不能单纯以防范为主，更重要的是对危险点造成的危害程度给予辨识并加以控制，这是治本之道。

如何控制危险点，以下五项工作是必不可少的：

一是危险点产生的诱因界定，并采取措施给予逆转；

二是危险点演变成危险结果的辨识，并给予充分说明；

三是危险点属性界定与应对预案的匹配，并给予实施；

四是危险点频次和偶然与必然状况内容界定及分析；

五是危险点治理防范措施的合理性与操作的有效性。

第二章　危险点的常规现象

> 危险点在企业生产中无处不在，有的形成了潜在危险，有的造成了危害结果，但更多的是不被人们辨识的隐患存在。所以仅表面了解和意识到危险点是远远不够的，还需要对危险点出现前的诸多现象加以辨识。可以从如下几个方面进行辨识：

一、人的常规现象

在日常生产作业中，人的身体状况、精神状态、技能水平和人对生产环境和设备的熟知程度，均为危险点的影响因素。

人的状况主要表现在以下几个方面：

（1）潜在的生理疾病，如心脏病、高血压、癫痫病等；

（2）暂时的身体疾病，如感冒、发烧、身体不适等；

（3）生理机能下降，如年老体衰、行动不便等；

（4）人的思想情绪异常，如家庭矛盾造成的精神不集中、上下级或同事间出现矛盾造成的心理情绪等。

二、工况的常规现象

在风场生产作业环境中，工况水平是衡量一个风场综合管理水平的重要指标之一，也是评价控制危险点水平的标准之一。常规情况下，在作业环境中，容易出现危险内容的有如下现象存在：

（1）环境设施现象，如孔洞、沟道、盖板、遮栏、空间狭窄、物体坠落、物体横向打击等；

（2）电气设施现象，如带电体作业中的触电、雷击、静电、电磁辐射、异常停电、异常带电、电气设备损坏、电气线路损坏、短路、断线、接地、电气火灾等；

（3）机械异常现象，如风场起重作业中的起重机操作异常、风电机及变电站检修机具异常等。

三、环境的常规现象

（1）环境的光线与照明不充分等；

（2）金属构架上、容器及邻近带电体等。

第三章　危险点的控制措施要素

　　危险点辨识后的控制是生产安全管理的规定动作，控制措施得当，则直接有效于安全生产，所以危险点的控制措施，就显得极其重要了，这对企业创造和谐环境的影响是不言而喻的。

　　如何对危险点进行控制有许多措施，以下几点为风场经常用到的控制措施。

一、电气作业中的危险点控制要素

（1）严格作业票制度，严控作业票执行行为，严肃作业票唱票举止；

（2）严禁移除作业人员装设的地线和安全隔离设施；

（3）检修或运行维护作业，严格执行作业设施与所从事作业内容的核对制度；

（4）严禁在带电区域或场所使用金属爬梯及吊绳；

（5）雨、雪、雾、冰天气应停止室外带电作业或施工；

（6）严禁在带电设备周围使用具有弹性的钢卷尺或金属丝工具；

（7）在风电机塔筒内检修作业，使用 24V 以下行灯照明设备，且行灯应有可靠接地；

（8）风电机机舱及轮毂内等狭窄空间作业必须穿绝缘鞋，戴防护手套；

（9）风电机遭雷击后 1h 内不得接近风电机；

（10）进入变电站和变电室内，禁止佩带无线通信设备，必须将手机关闭；

（11）执行和学习相关安全用电规范和标准。

二、风电机作业的登塔危险点控制要素

（1）双人同时登塔时，上下距离应至少间隔5m；

（2）上下同时进行交叉作业时，要采取相应措施以防工具等其他物件掉落造成危害；

（3）高处作业递传物件时，严禁采用抛掷传递物件，应使用绳索或工具袋传递物件；

（4）工器具应使用工具袋，拆下的工件放在划定的安全位置并可靠固定；

（5）作业人员登塔后，必须将每段塔筒的盖板盖好；

（6）风电机检修作业前须与运行人员及时沟通，将远程控制切换到就地控制，防止远程控制发生误操作。

三、风电机作业检修危险点控制要素

（1）严禁风电机在运行状态下，清扫、擦拭和润滑设备的转动部分；

（2）风电机巡查维护中，人员着装应穿着紧袖服装，防止被转动部分绞住；

（3）登塔时必须穿连体服、安全鞋，正确佩戴安全带、安全帽；

（4）检修作业中，使用液压扳手时，两人应配合默契，防止挤压伤害；

（5）进入风电机轮毂内作业时，必须按下急停按钮，且将风电机机械锁锁到位；

（6）检修风电机过程中，机械设备需要进行润滑时，对有可能转动的部分，应提前做好制动措施；

（7）塔筒内吊装作业时，必须保持通信畅通；

（8）塔筒内起吊操作应缓慢进行，在起吊过程中逐层关闭塔筒吊口盖板；

（9）机舱内装卸吊物过程中，人员必须扎牢安全带；

（10）检修过程需动火作业时，必须办理对应级别的动火工作票；

（11）风电机逃生包应定期检查，逃生绳表面不应有破损；

（12）登塔安全钢丝绳不应有变形及破损，上端应牢固、安全固定；

（13）工作过程中使用的工器具及拆下的工件，应放在指定的位置；

（14）检查确实无人或物件遗留风电机轮毂内后，方可将机械锁打开。

第二篇 危险点在作业环境中的辨识及预控

第一章 电气部分

一、变电站一次检修作业典型危险点辨识及预控

工作内容	存在的危险点	采取的预控措施	备注
1. 变压器安装及大修 2. 变压器定检 3. 断路器安装及大修 4. 断路器定检 5. 隔离开关安装及大修 6. 隔离开关定检 7. 互感器安装 8. 互感器定检 9. 避雷器安装 10. 避雷器定检 11. 高压开关柜安装 12. 高压开关柜定检 13. 主变压器高压侧套管更换 14. 有载调压开关吊检 15. 风扇电机更换 16. 断路器储能电机更换 17. 断路器油泵电机更换 18. 一次设备外绝缘清扫 19. 控制箱（柜）、机构箱内设备检修及更换 20. 构架刷漆	精神状态	工作负责人发现作业人员精神不振、注意力不集中时，应询问、提醒，必要时更换合格的作业人员	
	人员组织	1. 班长应根据工作内容合理安排能胜任该项工作的人员担任工作负责人，并与工作负责人共同安排小组负责人及工作班成员。 2. 小组分工及人员搭配合理，安排适当。 3. 特殊人员（临时工、外协人员）应加强现场管理	
	防护用品	1. 配备齐全、合格的安全防护用品，使用前认真检查，破损及不符合要求的应及时更换。 2. 作业人员应按要求穿工作服，着装规范，劳保用品佩戴齐全且规范	
	作业准备	1.工作前制订工作方案（计划），严格按计划实施。 2.对于施工作业现场停电范围、保留的带电部位和作业现场的条件、环境及其他危险点应明确，工作票签发人和工作负责人应组织进行现场勘查。 3.对于危险工作项目，新设备、新技术、新材料的应用，应组织有关人员进行现场勘查、研究、制订施工方案，组织召开工作协调会，进行工作安排和施工技术及安全措施交底。 4.工作负责人根据工作计划、内容办理工作票手续。 5.工作所需各类生产工器具、仪器、物料、图纸资料、记录本等准备充分	

续表

工作内容	存在的危险点	采取的预控措施	备注
1. 变压器安装及大修 2. 变压器定检 3. 断路器安装及大修 4. 断路器定检 5. 隔离开关安装及大修 6. 隔离开关定检 7. 互感器安装 8. 互感器定检 9. 避雷器安装 10. 避雷器定检 11. 高压开关柜安装 12. 高压开关柜定检 13. 主变压器高压侧套管更换 14. 有载调压开关吊检 15. 风扇电机更换 16. 断路器储能电机更换 17. 断路器油泵电机更换 18. 一次设备外绝缘清扫 19. 控制箱（柜）、机构箱内设备检修及更换 20. 构架刷漆	作业环境	1. 一般不宜在雨、冰、雪、大风、雷电、大雾等气候条件下进行室外工作。 2. 恶劣天气时，不宜进行高处作业。 3. 确要工作时，应根据现场实际情况做好相应防护措施	
	交通安全	1. 工作前应仔细检查车况。 2. 确认驾驶员状态良好。 3. 驾驶员行车或途中严禁饮酒，行驶过程中乘车人员禁止与驾驶员交谈，驾驶员严禁在行驶过程中接打电话。 4. 车辆驶入变电站时，应提前勘察工作现场，确定行驶路线，车辆按路线及限速、限高标志行驶	
	触电	1. 工作地点要装设全封闭围栏，并悬挂安全警示牌。 2. 工作负责人应严格履行工作许可手续，并认真检查工作票所列内容，工作前工作负责人进行工作交底，履行签名手续，并设专责监护人，防止走错间隔。 3. 接触无明显断开点的低压电器前必须进行验电。 4. 施工现场使用的电源盘、配电箱需配置漏电保护器。 5. 防止重物辗压和油污浸蚀临时电源线。 6. 严禁带电拆、接临时电源线，防止不规范拆、接电源线。 7. 严禁使用不合格的电缆线和负荷开关。	

工作内容	存在的危险点	采取的预控措施	备注
1. 变压器安装及大修 2. 变压器定检 3. 断路器安装及大修 4. 断路器定检 5. 隔离开关安装及大修 6. 隔离开关定检 7. 互感器安装 8. 互感器定检 9. 避雷器安装 10. 避雷器定检 11. 高压开关柜安装 12. 高压开关柜定检 13. 主变压器高压侧套管更换 14. 有载调压开关吊检 15. 风扇电机更换 16. 断路器储能电机更换 17. 断路器油泵电机更换 18. 一次设备外绝缘清扫 19. 控制箱（柜）、机构箱内设备检修及更换 20. 构架刷漆	触电	8. 电动工具应经检验合格，并且外壳可靠接地；电动工器具管线及电源线使用时，应边敷设边绑扎牢固，严禁工作人员用力牵引管线和电源线，防止造成不规范的低压触电。 9. 工作前，检查漏电保护器应正确动作。 10. 使用电动工具时，必须穿绝缘鞋，戴绝缘手套，且操作正确。 11. 搬运较大、较长物件时，应按临时检修通道行走，并与带电部分保持足够的安全距离。 12. 现场使用吊车、斗臂车应有专人指挥、专人监护，并与架空线路、相邻带电设备保持足够的安全距离。 13. 如需搬运、搭建、拆除脚手架，应规范进行，与带电部位保持足够的安全距离。 14. 统一指挥，协调工作，尽量避免交叉作业	
	高处坠落	1. 高处作业人员应正确使用合格的安全带，挂点应选择正确，展位、移位不得失去保护。 2. 工作人员无高血压等妨碍工作的疾病，行动敏捷、意识清醒，对现场设备状况了解。 3. 作业时，穿防滑性能好的软底绝缘鞋，且工作前清除鞋底及设备上的油污。 4. 使用梯子时，其上端须有挂钩或用绳索绑住，须有专人扶持，以防梯子滑动，且上下梯子方法正确，必须在距梯子顶端不少于2个挡的梯蹬上工作。	

续表

工作内容	存在的危险点	采取的预控措施	备注
1. 变压器安装及大修 2. 变压器定检 3. 断路器安装及大修 4. 断路器定检 5. 隔离开关安装及大修 6. 隔离开关定检 7. 互感器安装 8. 互感器定检 9. 避雷器安装 10. 避雷器定检 11. 高压开关柜安装 12. 高压开关柜定检 13. 主变压器高压侧套管更换 14. 有载调压开关吊检 15. 风扇电机更换 16. 断路器储能电机更换 17. 断路器油泵电机更换 18. 一次设备外绝缘清扫 19. 控制箱（柜）、机构箱内设备检修及更换 20. 构架刷漆	高处坠落	5. 严禁工作人员攀爬开关、TA的绝缘子柱或将梯子靠在绝缘子柱上。 6. 工作中使用的吊车必须经专业机构检验合格，并且必须由具有相应资质的人员操作。 7. 设专责监护人，避免高处作业人员工作地点转移时忘记使用安全带。 8. 使用移动式升降平台时，位置应选在坚实平整的地面处，支撑到位并垫实；使用前在预定的工作位置进行试验检查，确保完好；台上有人作业时，严禁松动支腿或移动平台。 9. 如需搬运、搭建、拆除脚手架，应规范进行。 10. 在霜冻、雨、雪后进行高处工作，应采取防滑措施。 11. 统一指挥，协调工作，尽量避免交叉作业	
	高处落物	1. 高处作业人员应使用工具袋，不准投掷工具和材料；需要上下传递工具、材料时，应使用传递绳。 2. 设备起吊、牵引过程中，任何人不得在受力钢丝绳周围、上下方、内角侧及吊臂和重物下方行走或停留，严禁人员在吊臂及重物的下面及重物移动的前方。 3. 严禁人员站在工作处的垂直下方，较大的工具应固定在牢固的构件上，不准随意摆放。 4. 在霜冻、雨、雪后进行高处工作，应采取防滑措施。 5. 重物放置时，严禁突然施力、收力，防止重物倒塌或挤压造成伤害。 6. 统一指挥，协调工作，尽量避免交叉作业	

工作内容	存在的危险点	采取的预控措施	备注
1. 变压器安装及大修 2. 变压器定检 3. 断路器安装及大修 4. 断路器定检 5. 隔离开关安装及大修 6. 隔离开关定检 7. 互感器安装 8. 互感器定检 9. 避雷器安装 10. 避雷器定检 11. 高压开关柜安装 12. 高压开关柜定检 13. 主变压器高压侧套管更换 14. 有载调压开关吊检 15. 风扇电机更换 16. 断路器储能电机更换 17. 断路器油泵电机更换 18. 一次设备外绝缘清扫 19. 控制箱（柜）、机构箱内设备检修及更换 20. 构架刷漆	机械伤害	1. 正确选择合适且合格的工器具。 2. 机械设备上的各种安全防护装置应完好齐全。 3. 使用电动工器具时，人员操作方法应正确，且严格按规定着装，严禁戴手套或手上缠抹布进行操作。 4. 起重作业由专业人员统一指挥，工作负责人选用合格且合适的吊车、斗臂车；对吊车、斗臂车司机及起重人员进行现场安全交底和安全教育，应告知其起重物件、吨位、带电部位、危险点及安全注意事项；在物件起吊、吊车转杆前必须做好瞭望，增加鸣笛；当重物吊离地面时工作负责人检查各部位受力情况及物品绑扎情况，无异常方可正式起吊；物件落地平稳后放置平稳，有防倾倒的措施，并设专人监护，加强全过程管理。 5. 工作中严禁戴手套使用大锤，工作范围内严禁站人。 6. 对转动机构（如风扇）进行检修、调试或运行时，现场作业人员不得靠近转动部分，且修理中做好防止转动的安全措施，切断电源，挂上安全警示牌	

工作内容	存在的危险点	采取的预控措施	备注
1. 变压器安装及大修 2. 变压器定检 3. 断路器安装及大修 4. 断路器定检 5. 隔离开关安装及大修 6. 隔离开关定检 7. 互感器安装 8. 互感器定检 9. 避雷器安装 10. 避雷器定检 11. 高压开关柜安装 12. 高压开关柜定检 13. 主变压器高压侧套管更换 14. 有载调压开关吊检 15. 风扇电机更换 16. 断路器储能电机更换 17. 断路器油泵电机更换 18. 一次设备外绝缘清扫 19. 控制箱（柜）、机构箱内设备检修及更换 20. 构架刷漆	喷出、飞溅物伤害	1. 电焊、气焊及切割作业，工作人员应正确着装，戴好安全防护用品。 2. 焊工清理焊渣时，必须正确佩戴白光护目镜，并避免向着自己和他人的方向敲打焊渣，飞溅物用专门器物收集。 3. 使用砂轮、角向磨光机、切割机时，应戴防护眼镜，操作人员应站在旋转设备的侧面。 4. 不准用砂轮侧面研磨物体，不允许用角向磨光机、切割机代替砂轮机对物件进行打磨。 5. 用携带型火炉和喷灯、电气焊时，其火焰与带电部分的距离：电压在10kV及以下者，不得小于1.5m；电压在10kV以上者，不得小于3m。 6. 焊区周围不能有其他人员及易燃易爆物品。 7. 从事压力容器作业时，应严格执行操作规程，SF$_6$气瓶等压力容器运输时应绑扎牢固，防止相互碰撞	
	着火	1. 工作场所附近禁止进行电焊、气焊等易产生明火的作业，必须使用明火时应办理动火手续。 2. 所有现场必须配备足量、合格的消防器材。 3. 滤油机运行时要设专人值守。 4. 工作场所严禁吸烟	

工作内容	存在的危险点	采取的预控措施	备注
1. 变压器安装及大修 2. 变压器定检 3. 断路器安装及大修 4. 断路器定检 5. 隔离开关安装及大修 6. 隔离开关定检 7. 互感器安装 8. 互感器定检 9. 避雷器安装 10. 避雷器定检 11. 高压开关柜安装 12. 高压开关柜定检 13. 主变压器高压侧套管更换 14. 有载调压开关吊检 15. 风扇电机更换 16. 断路器储能电机更换 17. 断路器油泵电机更换 18. 一次设备外绝缘清扫 19. 控制箱（柜）、机构箱内设备检修及更换 20. 构架刷漆	机械、设备损坏	1. 起重机械和起重工具必须经专业机构检验合格后方可使用。 2. 起重作业由专业人员统一指挥，起重机械由具备相应资质的人员进行操作。 3. 在物件起吊、吊车转杆前必须做好瞭望，并设专人监护。 4. 根据负载确定起吊吨位、起吊高度，吊车的支撑腿必须牢固，受力均匀，防止吊车倾倒。 5. 起吊重物需要专用吊环的，起吊前需检查所使用吊环的拧入深度达到安全要求。 6. 起吊用钢丝绳无断股或其他缺陷，依据起吊负荷重量选择合适的钢丝绳，不得过载使用。 7. 吊装瓷质设备尽量使用尼龙吊带，吊带选择合适且合格，严禁使用表面破损的吊带。 8. 吊装作业需将两根（及以上）尼龙吊带连接使用时，必须使用卸扣连接。 9. 吊装过程中吊绳与吊物之间的棱角处要加装软质衬垫。 10. 在瓷质设备上工作，必须正确使用电工安全带，严禁使用带金属挂环的其他类（架工、线路工）安全带。 11. 禁止歪拉斜吊、用力砸击等野蛮作业行为	

续表

工作内容	存在的危险点	采取的预控措施	备注
1. 变压器安装及大修 2. 变压器定检 3. 断路器安装及大修 4. 断路器定检 5. 隔离开关安装及大修 6. 隔离开关定检 7. 互感器安装 8. 互感器定检 9. 避雷器安装 10. 避雷器定检 11. 高压开关柜安装 12. 高压开关柜定检 13. 主变压器高压侧套管更换 14. 有载调压开关吊检 15. 风扇电机更换 16. 断路器储能电机更换 17. 断路器油泵电机更换 18. 一次设备外绝缘清扫 19. 控制箱（柜）、机构箱内设备检修及更换 20. 构架刷漆	设备损坏	1. 严禁作业人员攀爬变压器套管、开关支持绝缘子、灭弧室，需在其上面作业时，应使用高处作业斗臂车或搭设脚手架。 2. 工作中使用的高处作业斗臂车必须经专业机构检验合格，由熟悉车辆使用方法并经考试合格、取得操作许可证的专业人员操作。 3. 斗臂车须经专业人员进行操作，起降、回转前必须做好瞭望，并设专人监护。 4. 凡是在变压器高、低压侧套管及中性点套管等瓷质设备上作业的人员，必须使用电工安全带，严禁使用带金属挂环的其他类（架工、线路工）安全带。 5. 工作中需拆卸螺栓时，要使用质检合格的固定扳手，严禁使用活扳手拆卸常规螺栓。 6. 拆、接主变压器高压侧套管引线时，工作人员应用力适中，严禁外力作用下使套管出现晃动现象。 7. 工作中严禁工作人员大幅度晃动一次引线及开关灭弧室。 8. 开关机构储能装置电机试转前，应仔细检查电机附件是否有异物。 9. 储能装置不能正常启动时要查明原因，严禁强行给储能电机通电转动电机	

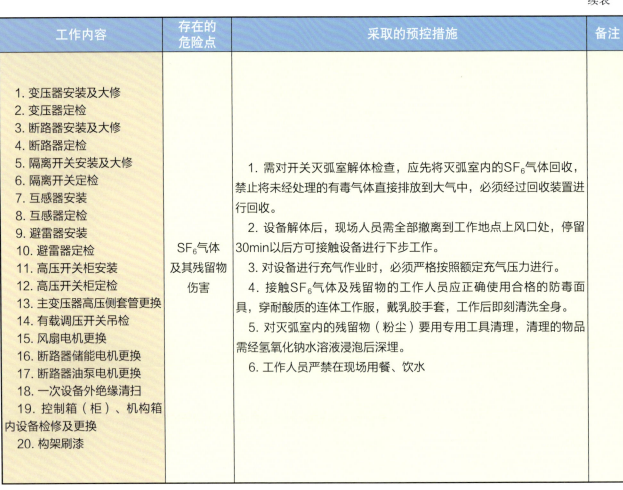

工作内容	存在的危险点	采取的预控措施	备注
1. 变压器安装及大修 2. 变压器定检 3. 断路器安装及大修 4. 断路器定检 5. 隔离开关安装及大修 6. 隔离开关定检 7. 互感器安装 8. 互感器定检 9. 避雷器安装 10. 避雷器定检 11. 高压开关柜安装 12. 高压开关柜定检 13. 主变压器高压侧套管更换 14. 有载调压开关吊检 15. 风扇电机更换 16. 断路器储能电机更换 17. 断路器油泵电机更换 18. 一次设备外绝缘清扫 19. 控制箱（柜）、机构箱内设备检修及更换 20. 构架刷漆	SF_6气体及其残留物伤害	1. 需对开关灭弧室解体检查，应先将灭弧室内的SF_6气体回收，禁止将未经处理的有毒气体直接排放到大气中，必须经过回收装置进行回收。 2. 设备解体后，现场人员需全部撤离到工作地点上风口处，停留30min以后方可接触设备进行下步工作。 3. 对设备进行充气作业时，必须严格按照额定充气压力进行。 4. 接触SF_6气体及残留物的工作人员应正确使用合格的防毒面具，穿耐酸质的连体工作服，戴乳胶手套，工作后即刻清洗全身。 5. 对灭弧室内的残留物（粉尘）要用专用工具清理，清理的物品需经氢氧化钠水溶液浸泡后深埋。 6. 工作人员严禁在现场用餐、饮水	

二、变电站二次检修作业典型危险点辨识及预控			
工作内容	存在的危险点	采取的预控措施	备注
1. 继电保护装置校验 2. 二次回路消缺 3. 开关传动试验 4. 监控系统显示故障 5. 变压器试验 6. TA、TV试验 7. 避雷器试验 8. 电容器试验 9. 断路器试验 10. 油样采集 11. 油分析	精神状态	工作负责人发现作业人员精神不振、注意力不集中时，应询问、提醒，必要时更换合格的作业人员	
	人员组织	1. 班长应根据工作内容合理安排能胜任该项工作的人员担任工作负责人，并与工作负责人共同安排小组负责人及工作班成员。 2. 小组分工及人员搭配合理，安排适当。 3. 特殊人员（临时工、外协人员）现场应严格管理	
	防护用品	1. 准备齐全、合格的安全防护用品，使用方法正确，使用前认真检查，破损及不符合要求的及时更换。 2. 作业人员应按要求穿工作服，着装规范，劳保用品佩戴齐全且规范	
	作业准备	1. 工作前制订工作方案、计划，严格按计划实施。 2. 对于施工作业现场停电范围、保留的带电部位和作业现场的条件、环境及其他危险点应明确，工作票签发人和工作负责人应组织进行现场勘查。 3. 对于危险工作项目，新设备、新技术、新材料的应用，应组织有关人员进行现场勘查，研究、制订施工方案，组织召开工作协调会，进行工作安排和施工技术及安全措施交底。 4. 工作负责人根据工作计划、内容办理工作票手续。 5. 工作所需各类生产工器具、仪器、物料、图纸资料、记录本等准备充分	

工作内容	存在的危险点	采取的预控措施	备注
1. 继电保护装置校验 2. 二次回路消缺 3. 开关传动试验 4. 监控系统显示故障 5. 变压器试验 6. TA、TV试验 7. 避雷器试验 8. 电容器试验 9. 断路器试验 10. 油样采集 11. 油分析	作业环境	1. 一般不宜在雨、冰、雪、大风、雷电、大雾等气候条件下进行室外工作。 2. 恶劣天气时，不宜进行高处作业。 3. 确要工作时，应根据现场实际情况做好相应防护措施	
	人身感电	1. 在进行变电站户外工作时，严禁将导体举过头顶。 2. 进入变电站内作业时，必须与带电设备保持足够的安全距离，设专人监护。 3. 变电站内搬运梯子等高（长）物体时，应注意放倒水平搬运，且在检修通道内行走，正确选择搬运路线	
	错走间隔	1. 工作前检查安全措施是否正确完备，工作地点放置"在此工作"标示牌，相邻屏挂"运行中"红布帘。 2. 进入工作地点前，首先核对设备位置、名称、编号、状态是否与工作票相符。 3. 工作组中设专人监护，工作组成员对作业范围相互提醒	
	触电	1. 工作时必须戴绝缘手套，穿绝缘鞋，正确佩戴合格的安全帽。 2. 严禁带电接引试验电源。 3. 进行试验时，试验仪器的外壳必须可靠接地。 4. 临时试验电源必须装有明显断开点的刀闸开关。 5. 试验电源必须带有漏电保护器，且每次工作前必须进行漏电保护器的有效验证。 6. 螺丝刀、尖嘴钳等工器具使用前必须进行外观完好性检查。 7. 万用表等测量工器具在使用前应检查完好性，使用中注意挡位	

续表

工作内容	存在的危险点	采取的预控措施	备注
1. 继电保护装置校验 2. 二次回路消缺 3. 开关传动试验 4. 监控系统显示故障 5. 变压器试验 6. TA、TV试验 7. 避雷器试验 8. 电容器试验 9. 断路器试验 10. 油样采集 11. 油分析	保护插件过载	1. 操作试验仪器时认真仔细，防止将超限的电压、电流输入保护装置中。 2. 新回路通电前必须进行绝缘测试	
	TA开路	1. 在进行电流互感器（TA）二次回路作业时，必须核对屏位、图纸、名称、端子排号。 2. 在打开TA连片前，应先使用毫安级钳形电流表确认确无电流。 3. 在带电的TA回路作业时，应先封闭好连片再打开保护装置侧的端子。 4. 工作完毕后，应立即将TA连片恢复原状。 5. 测量TA二次回路电流时，必须先紧固电流端子排再进行测量，测量中注意轻拉轻放二次线。 6. 在TA二次回路进行短接时，必须使用短路片或短路线，并要牢固可靠，防止TA二次开路。 7. 在TA二次回路升流时，必须断开外部电流连片。 8. 变更TA二次接线，在送电后必须进行相位测量方可投入保护	
	保护插件受静电损坏	1. 接触保护插件时，必须先对身体放电及采取防静电措施。 2. 安装插件前进行名称型号的核对，防止保护插件位置安装错误	
	定值误整定	1. 在校验前，逐项核对定值，校验结束后再次与定值单核实保护定值。 2. 调试过程中变更定值，至少由两人进行，一人监护，一人操作，完毕后恢复原定值。 3. 保护连接片的投退必须做好书面记录，试验完毕后恢复原状	

工作内容	存在的危险点	采取的预控措施	备注
1. 继电保护装置校验 2. 二次回路消缺 3. 开关传动试验 4. 监控系统显示故障 5. 变压器试验 6. TA、TV试验 7. 避雷器试验 8. 电容器试验 9. 断路器试验 10. 油样采集 11. 油分析	误接线	1. 试验接线必须由第二人进行正确性检查。 2. 对保护模拟量校验时，分清电压、电流回路。 3. 试验过程中变更二次接线应做好详细记录，试验完毕后恢复原状	
	高处坠落	1. 工作人员无高血压等妨碍工作的疾病，行动敏捷、意识清醒，对现场设备状况了解。 2. 使用合格的安全带，穿防滑性能好的软底绝缘鞋。 3. 根据现场情况使用合适高度的梯子，梯子必须是经过检验的合格品。 4. 使用梯子时应有人扶持或绑牢，定期检查梯子腐蚀破损情况。 5. 人字梯必须有坚固的铰链和限制开度的拉链。 6. 在梯子上工作时，梯子与地面的夹角为60°左右	
	设备反送电	1. 试验前将互感器各侧引线拆除，防止发生反送电。 2. 开工前或第二天恢复工作时，负责人要亲自核实电压互感器二次开关的断开位置及挂牌情况。 3. 电流互感器本体试验时要确保电流二次侧绕组与保护装置断开	
	变压器绕组损坏	1. 加量前，必须认真检查试验接线、表计倍率、量程符合要求、调压器在零位等。 2. 变压器进行绝缘、介质损耗、泄漏试验时，非被试验绕组要短路接地，试验结束后应拆除短路接地线。 3. 进行变压器局部放电试验时，应严格遵守操作规程，禁止加过量；电容器短路、避雷器放电计数器失灵	

30

续表

工作内容	存在的危险点	采取的预控措施	备注
1. 继电保护装置校验 2. 二次回路消缺 3. 开关传动试验 4. 监控系统显示故障 5. 变压器试验 6. TA、TV试验 7. 避雷器试验 8. 电容器试验 9. 断路器试验 10. 油样采集 11. 油分析	变压器耐压试验	1. 加压前必须认真检查试验接线、表计倍率、量程符合试验要求、调压器在零位等均应准确无误。 2. 对被试设备的绝缘耐压施压必须严格遵守规程进行，严禁超过允许值。 3. 当试验中需要拆、接避雷器接地线时，试验结束后必须恢复设备原状。 4. 试验结束后清点工器具，防止发生工器具遗留在设备上的情况	
	气体保护误动	1. 取样完毕后必须将取样阀门关闭严密。 2. 对于发现胶垫已经损坏的取样阀，应立即联系检修处理。 3. 严禁用扳手对阀门进行过力紧固和敲打，以防发生取样阀门连管断裂的现象	
	爆炸	1. 进入实验室应先通风，再开启设备。 2. 高压氮气罐应放置牢固可靠，禁止置于热源附近。 3. 试验员离开实验室后，须将电源彻底断开。 4. 经常检查氢气发生器的阀门，保持实验室室内通风良好。 5. 在装卸、运输钢瓶前，应检查胶圈齐全完好，且绑扎固定牢，轻拿轻放，严禁摔扔	

工作内容	存在的危险点	采取的预控措施	备注
1. 继电保护装置校验 2. 二次回路消缺 3. 开关传动试验 4. 监控系统显示故障 5. 变压器试验 6. TA、TV试验 7. 避雷器试验 8. 电容器试验 9. 断路器试验 10. 油样采集 11. 油分析	玻璃器皿破碎伤人	1. 取气、注气时使用工器具应小心，必要时戴防护手套进行。 2. 玻璃器皿应轻拿轻放、小心使用，取样时戴耐油手套，清洗时戴橡胶手套。 3. 破碎的玻璃器皿要及时清理，防止伤人	
	滑倒	1. 小心谨慎使用工具，地面上的绝缘油应及时清理干净。 2. 穿防滑性能好的橡胶底的劳保鞋	
	油液腐蚀皮肤	1. 避免油样等与皮肤直接长期接触。 2. 操作、清洗时戴橡胶手套，工作后要洗手	
	烫伤	1. 接触高温的器皿（烘干箱、油介损杯）时，应戴隔热防护手套。 2. 检修工作时，待设备冷却后方可进行操作	

续表

三、运行危险点辨识及预控			
工作内容	存在的危险点	采取的预控措施	备注
1. 变压器巡检 2. 断路器巡检 3. 隔离开关巡检 4. 电流互感器巡检 5. 电压互感器巡检 6. 母线巡检 7. 避雷器巡检 8. 无功补偿装置巡检 9. 保护屏巡检 10. 直流系统巡检 11. 380V动力盘巡检 12. 电缆夹层巡检 13. 配电室巡检 14. 线路巡检	精神状态	作业人员精神不振、注意力不集中时，应询问、提醒，必要时更换合格的作业人员	
	防护用品	1. 准备齐全、合格的安全防护用品，使用方法正确，使用前认真检查，破损及不符合要求的及时更换。 2. 巡检人员应按要求穿工作服，着装规范，劳保用品佩戴齐全且规范	
	人员中暑	1. 高温天气要做好个人的防暑工作。 2. 及时补充淡盐、低糖饮料	
	冬天冻伤及夏天虫咬	1. 寒冷天气巡视，必须做好个人的防寒、防冻措施。 2. 夏天巡视，应穿着紧袖口、裤脚的工装及工作鞋	
	交通安全	1. 巡视出车前，必须对车辆进行安全检查，确认驾驶员状态良好。 2. 车辆必须由公司规定的专业驾驶员及准驾人员驾驶。 3. 车辆行驶时，必须在风电机道路上，严禁轧草场。 4. 极端恶劣天气情况下严禁出行。 5. 车辆出行时要确保车速在30km/h以内。 6. 驾驶员出车或途中严禁饮酒，行驶过程中乘车人员禁止与驾驶员交谈，驾驶员严禁行驶过程中接打电话	

四、检修操作危险点辨识及预控			
工作内容	存在的危险点	采取的预控措施	备注
1. 变压器停送电操作 2. 断路器操作 3. 隔离开关操作 4. 电压互感器操作 5. 配电室设备操作 6. 无功补偿装置操作 7. 接地开关操作 8. 接地线悬挂及拆除 9. 保护及测控装置操作 10. 直流系统操作 11. 备用变压器操作 12. 380V动力盘操作 13. 线路操作 14. 风电机箱式变压器操作 15. 风电机启停操作	精神状态	工作负责人发现作业人员精神不振、注意力不集中时，应询问、提醒，必要时更换合格的作业人员	
	人员组织	1. 班长应根据工作内容合理安排能胜任该项工作的人员担任工作负责人，并与工作负责人共同安排小组负责人及工作班成员。 2. 小组分工及人员搭配合理，安排适当。 3. 特殊人员（临时工、外协人员）现场应严格管理	
	防护用品	1. 准备齐全、合格的安全防护用品，使用方法正确，使用前认真检查，破损及不符合要求的及时更换。 2. 作业人员应按要求穿工作服，着装规范，劳保用品佩戴齐全且规范	
	作业准备	1. 工作前制订工作方案、计划，严格按计划实施。 2. 对于施工作业现场停电范围、保留的带电部位和作业现场的条件、环境及其他危险点应明确，工作票签发人和工作负责人应组织进行现场勘查。 3. 对于危险工作项目，新设备、新技术、新材料的应用，应组织有关人员进行现场勘查，研究、制订施工方案，组织召开工作协调会，进行工作安排和施工技术及安全措施交底。 4. 工作负责人根据工作计划、内容办理工作票手续。 5. 工作所需各类生产工器具、仪器、物料、图纸资料、记录本等准备充分	

续表

工作内容	存在的危险点	采取的预控措施	备注
1. 变压器停送电操作 2. 断路器操作 3. 隔离开关操作 4. 电压互感器操作 5. 配电室设备操作 6. 无功补偿装置操作 7. 接地开关操作 8. 接地线悬挂及拆除 9. 保护及测控装置操作 10. 直流系统操作 11. 备用变压器操作 12. 380V动力盘操作 13. 线路操作 14. 风电机箱式变压器操作 15. 风电机启停操作	作业环境	1. 一般不宜在雨、冰、雪、大风、雷电、大雾等气候条件下进行室外工作。 2. 恶劣天气时，不宜进行高处、野外作业。 3. 确要工作时，应根据现场实际情况做好相应防护措施	
	交通安全	1. 工作前应仔细检查车况。 2. 确认驾驶员状态良好。 3. 驾驶员出车或途中严禁饮酒，行驶过程中乘车人员禁止与驾驶员交谈，驾驶员严禁行驶过程中接打电话。 4. 车辆必须由公司规定的专业驾驶员及准驾人员驾驶。 5. 车辆行驶时，必须在风电机道路上，严禁轧草场。 6. 极端恶劣天气情况下严禁出行	
	铁磁谐振	电磁式电压互感器的操作必须在母线带电的情况下进行，即母线送电后再投入电压互感器，母线停电前先将电压互感器退出运行	
	空气开关损坏	1. 严禁进行野蛮操作，防止手车损坏。 2. 严禁随意解除闭锁装置进行操作	

工作内容	存在的危险点	采取的预控措施	备注
1. 变压器停送电操作 2. 断路器操作 3. 隔离开关操作 4. 电压互感器操作 5. 配电室设备操作 6. 无功补偿装置操作 7. 接地开关操作 8. 接地线悬挂及拆除 9. 保护及测控装置操作 10. 直流系统操作 11. 备用变压器操作 12. 380V动力盘操作 13. 线路操作 14. 风电机箱式变压器操作 15. 风电机启停操作	电容器损坏	1. 严禁随意改变无功补偿装置的运行状态。 2. 无功补偿装置在电容、电抗切换过程中要检查调压器挡位在1挡。 3. 严禁将电容器、电抗器并列运行	
	接地开关触头损坏	合接地开关时必须用力适当，防止用力过度而导致设备损坏	
	设备误动	1. 操作前要认真核对保护装置定值正确。 2. 严格按照操作票要求投退相应连接片。 3. 严禁误触、误碰控制回路导致设备异常分合	
	拆装高压熔断器损坏	拆、装高压熔断器，应戴护目眼镜，必要时使用绝缘夹钳，站在绝缘垫上	
	空气开关损坏	1. 严格执行操作票，严禁任意操作直流开关。 2. 操作过程中要正确使用安全工器具，严禁野蛮操作	
	跌落开关损坏	1. 送电前要对设备进行详细检查，确保具备送电条件。 2. 检查跌落开关上下接触良好，无放电现象。 3. 正确使用安全工器具，严禁野蛮操作	
	电缆损坏	1. 送电前要确保线路安全措施全部拆除。 2. 停电前应先将风电机停止。 3. 送电前绝缘电阻表绝缘必须合格	

续表

工作内容	存在的危险点	采取的预控措施	备注
1. 变压器停送电操作 2. 断路器操作 3. 隔离开关操作 4. 电压互感器操作 5. 配电室设备操作 6. 无功补偿装置操作 7. 接地开关操作 8. 接地线悬挂及拆除 9. 保护及测控装置操作 10. 直流系统操作 11. 备用变压器操作 12. 380V动力盘操作 13. 线路操作 14. 风电机箱式变压器操作 15. 风电机启停操作	机械伤害	1. 风电机有现场作业时，严禁随意进行风电机启停操作。 2. 风电机启停操作时，必须与现场工作人员进行联系。 3. 现场风电机作业人员停机后，必须将远程就地控制把手切换至就地位置。 4. 必须等到设备完全停止后方可做检修安全措施	
	电网故障	1. 在限负荷情况下，风电机启停操作要确保负荷在调度控制范围内。 2. 当电网发生波动而导致风电机故障停机时，必须及时将风电机控制在停止状态并汇报调度。 3. 启机操作必须经调度允许后方可进行	

五、线路检修危险点辨识及预控			
工作内容	存在的危险点	采取的预控措施	备注
1. 更换拉线 2. 更换架空地线金具 3. 更换绝缘子 4. 铁塔拆除 5. 更换横担 6. 电杆更换	精神状态	工作负责人发现作业人员精神不振、注意力不集中时，应询问、提醒，必要时更换合格的作业人员	
	人员组织	1. 班长应根据工作内容合理安排能胜任该项工作的人员担任工作负责人，并与工作负责人共同安排小组负责人及工作班成员。 2. 小组分工及人员搭配合理，安排适当。 3. 特殊人员（临时工、外协人员）现场应严格管理	
	防护用品	1. 准备齐全、合格的安全防护用品，使用方法正确，使用前认真检查，破损及不符合要求的及时更换。 2. 作业人员应按要求穿工作服，着装规范，劳保用品佩戴齐全且规范	
	作业准备	1. 工作前制订工作方案、计划，严格按计划实施。 2. 对于施工作业现场停电范围、保留的带电部位和作业现场的条件、环境及其他危险点应明确，工作票签发人和工作负责人应组织进行现场勘查。 3. 对于危险工作项目，新设备、新技术、新材料的应用，应组织有关人员进行现场勘查，研究、制订施工方案，组织召开工作协调会，进行工作安排和施工技术及安全措施交底。 4. 工作负责人根据工作计划、内容办理工作票手续。 5. 工作所需各类生产工器具、仪器、物料、图纸资料、记录本等准备充分	

续表

工作内容	存在的危险点	采取的预控措施	备注
1. 更换拉线 2. 更换架空地线金具 3. 更换绝缘子 4. 铁塔拆除 5. 更换横担 6. 电杆更换	作业环境	1. 一般不宜在雨、冰、雪、大风、雷电、大雾等气候条件下进行室外工作。 2. 恶劣天气时，不宜进行高处、野外作业。 3. 确要工作时，应根据现场实际情况做好相应防护措施	
	交通安全	1. 工作前应仔细检查车况。 2. 确认驾驶员状态良好。 3. 驾驶员出车或途中严禁饮酒，行驶过程中乘车人员禁止与驾驶员交谈，驾驶员严禁在行驶过程中接打电话。 4. 车辆必须由公司规定的专业驾驶员及准驾人员驾驶。 5. 车辆行驶时，必须在风电机道路上，严禁轧草场。 6. 极端恶劣天气情况下严禁出行	
	触电、感电	1. 杆塔上作业的人员、工具、材料与带电体保持安全距离。 2. 上下传递工器具、材料必须使用绝缘无极绳。 3. 设专人监护，加强全过程管理。 4. 严格控制拉线摆动，保持安全距离。 5. 杆塔上有感应电时，工作人员应穿防静电服。 6. 选用的安全工器具必须定期检验并合格。 7. 统一指挥，避免交叉作业	

工作内容	存在的危险点	采取的预控措施	备注
1. 更换拉线 2. 更换架空地线金具 3. 更换绝缘子 4. 铁塔拆除 5. 更换横担 6. 电杆更换	物体打击	1. 作业面边缘设置安全围栏，严禁行人入内。 2. 可能坠落范围内严禁站人。 3. 高处作业必须使用工具袋防止掉东西，工器具、材料等必须用绳索传递，杆下应防止行人逗留。 4. 人员站位要合理、安全，下拉盘时坑内严禁站人，防止拉线棒反弹，拉盘对面不得有人停留。 5. 抱杆二脚应垫牢并固定，防止下沉或移位。 6. 使用风绳布置应合理，受力要均匀。 7. 正式起吊前应试吊，检查抱杆各受力元件受力情况，电杆提升要平稳，不得撞击抱杆	
	杆塔作业触电	1. 杆塔上作业的人员、工具、材料与带电体保持安全距离。 2. 作业时应使用工具袋，上下传递工器具、材料必须使用绝缘无极绳。 3. 设有专人监护，加强全过程管理。 4. 严格控制吊绳摆动，保持足够的安全距离。 5. 杆塔上有感应电时，工作人员应穿防静电服。 6. 使用的安全工器具必须定期检验并合格	
	机械伤害	1. 选用的工器具须合格、合适、可靠，严禁以小代大。 2. 工器具受力后，应仔细检查受力状况。 3. 手动葫芦起吊选用承载力合适的合格葫芦，不过载使用。 4. 支架强度足够，连接可靠	

第二章　风电机部分			
工作内容	**存在的危险点**	**采取的预控措施**	**备注**
风机巡检	精神状态	工作负责人发现作业人员精神不振、注意力不集中时，应询问、提醒，必要时更换合格的作业人员	
	人身伤害	1. 巡检前工作负责人必须办理风力机械工作票，对工作班成员进行全面的安全技术交底，并履行签名确认手续，严禁代签。 2. 巡检前将远程控制切换到就地控制，防止远程误操作。 3. 巡检时至少有两人在一起工作	
	火灾隐患	进入工作现场严禁明火，严禁吸烟	
	高处坠落	1. 登高作业人员精神状态良好，状态不良者禁止攀登。 2. 选用合格的安全带、安全绳，并按使用要求正确佩戴。 3. 登塔前检查安全钢丝绳是否牢固，有无变形及破损。 4. 机舱外部工作时必须使用两条安全绳，左右挂在安全轨双支撑上。 5. 使用机舱内部吊车时，应将安全绳挂在机舱内部安全环上	
	高处落物	1. 进入作业现场，穿合格的防砸鞋，正确佩戴合格的安全帽，帽带按要求系好。 2. 两人同时上下爬梯时，一人必须将每段塔筒的盖板盖好后，另一人方可上下。 3. 携带工具上下爬梯时，必须使用专用工具包，且携带工具的人员后上先下。 4. 风机下面人员及车辆严禁滞留时间过长。 5. 巡检时车辆停在叶片的上风向，严禁停在叶片、机舱底部	

工作内容	存在的危险点	采取的预控措施	备注
风机巡检	机械伤害	1. 进轮毂前，迎风面偏航90°锁定叶轮，两侧锁定销须安装到位防止脱落，触发急停按钮，风速大于10m/s时禁止进入。 2. 人员着装应穿紧袖服装，防止被转动部件绞住，女同志头发盘在安全帽内。 3. 禁止靠近叶轮、主轴、联轴器、集电环等转动部件，保证身体和转动部件间的安全距离	
	触电	1. 巡检带电设备时需要设置专人监护，与带电部位保持足够的安全距离。 2. 停、送电过程中操作人员应戴绝缘手套，穿绝缘鞋，按正确的操作步骤进行。 3. 在使用服务小吊车时，注意与箱式变压器及架空线路保持足够的安全距离	
	交通安全	1. 驾驶员出车前应检查车辆安全状况良好。 2. 车辆应由公司准驾人员驾驶。 3. 驾驶员出车前或途中严禁饮酒。 4. 车辆行驶过程中，乘车人员禁止与驾驶员交谈。 5. 驾车过程中严禁接打电话	
	作业环境	1. 工作前严格执行厂家维护手册的规定作业风速，不得超出规定风速进行作业。 2. 环境温度低于−40℃不允许作业；温度高于37℃不允许作业。 3. 大风、雷雨、大雾等恶劣天气禁止作业	

续表

工作内容		存在的危险点	采取的预控措施	备注
定期维护	作业准备	精神状态	工作负责人发现作业人员精神不振、注意力不集中时，应询问、提醒，必要时更换合格的作业人员	
		人员组织	1. 班长应根据工作内容合理安排能胜任该项工作的人员担任工作负责人，并与工作负责人共同安排小组负责人及工作班成员。 2. 小组分工及人员搭配合理，安排适当。 3. 作业前应对临时工、外协人员进行安全教育培训和考试，方可参加工作，确保所有选派的工作成员各项素质符合工作要求	
		防护用品	1. 准备齐全、合格的安全防护用品，使用前认真检查，破损及不符合要求的及时更换。 2. 作业人员应按要求穿工作服，着装规范，劳保用品佩戴齐全且规范	
		人身伤害	1. 维护前工作负责人必须办理风力机械工作票，对工作班成员进行全面的安全技术交底，并履行签名确认手续，严禁代签。 2. 维护前将远程控制切换到就地控制，防止远程误操作。 3. 维护时至少有两人在一起工作	

続表

工作内容		存在的危险点	采取的预控措施	备注
定期维护	作业准备	备品备件	1. 工作前，针对维护项目进行备料，工器具及安全用具应充足且符合要求。 2. 工作开始前，检查现场使用的各类工具、材料、备品备件、仪器仪表合格完好。 3. 准备好相关作业指导书、任务书及工序卡等相关资料	
		火灾隐患	1. 进入工作现场严禁明火，严禁吸烟。 2. 如需动火须办理动火工作票，经总工程师及以上领导批准后方可开工	
		高处坠落	1. 选用合格的安全带、安全绳，并按使用要求正确佩戴。 2. 登塔前检查安全钢丝绳是否牢固，有无变形及破损。 3. 机舱外部工作时必须使用两条安全绳，左右挂在安全轨双支撑上。 4. 使用机舱内部吊车时，应将安全绳挂在机舱内部安全环上	
		高处落物	1. 进入作业现场，穿合格的防砸鞋，正确佩戴合格的安全帽，帽带按要求系好。 2. 两人同时上下爬梯时，一人必须将每段塔筒的盖板盖好后，另一人方可上下。 3. 携带工具上下爬梯时，必须使用专用工具包，且携带工具的人员后上先下。 4. 风机下面人员及车辆严禁滞留时间过长。 5. 维护时车辆停在叶片的上风向，严禁停在叶片、机舱底部	

续表

工作内容		存在的危险点	采取的预控措施	备注
定期维护	作业准备	触电	1. 维护带电设备时需要设置专人监护，与带电部位保持足够的安全距离。 2. 停、送电过程中操作人员应戴绝缘手套，穿绝缘鞋，按正确的操作步骤进行。 3. 在使用服务小吊车时，注意与箱式变压器及架空线路保持足够的安全距离	
		交通安全	1. 驾驶员出车前应检查车辆安全状况良好。 2. 车辆应由公司准驾人员驾驶。 3. 驾驶员出车前或途中严禁饮酒。 4. 车辆行驶过程中，乘车人员禁止与驾驶员交谈。 5. 驾车过程中严禁接打电话	
		作业环境	1. 工作前严格执行作业指导书的规定作业风速，不得超出规定风速进行作业。 2. 环境温度低于−40℃不允许作业；温度高于37℃不允许作业。 3. 大风、雷雨、大雾等恶劣天气禁止作业。 4. 工作中产生的废油要集中处理，防止废油污染环境	

工作内容		存在的危险点	采取的预控措施	备注
定期维护	注油	机械伤害	1. 进轮毂前，迎风面偏航90°锁定叶轮，两侧锁定销须安装到位防止脱落，触发急停按钮，风速大于10m/s时禁止进入。 2. 人员着装应穿紧袖服装，防止被转动部件绞住，女同志头发盘在安全帽内。 3. 靠近叶轮、主轴、偏航系统等转动部件，保证身体和转动部件间的安全距离，必要时触发急停按钮	
		设备损坏	1. 按照作业指导书要求保证注油量和油品、油脂使用的正确性。 2. 注油前清理注油嘴和油枪注油孔，确保油脂内无杂物。 3. 注油前打开排油孔，加入新油，排出旧油，保证内部油量	
	更换滤芯	油腐蚀	接触油液时须戴橡胶手套	
		机械伤害	1. 液压站工作须先触发急停按钮，并通过泄压阀泄压后，方可工作。 2. 拆装滤芯时，专用工具要卡牢，不要用力过猛。 3. 工作位置选择适当，身体、手不在受力体与坚硬物体之间	
		设备损坏	1. 正确使用专用工器具。 2. 按照作业指导书要求对更换的滤芯力矩进行紧固，密封圈按正确方法安装，防止渗油、漏油现象发生	

续表

工作内容		存在的危险点	采取的预控措施	备注
定期维护	电气测试	机械伤害	严禁靠近叶轮、主轴、联轴器、集电环等转动部件，保证身体和转动部件间的安全距离，必要时触发急停按钮	
		设备损坏	1. 按照作业指导书要求进行电气测试，不得私自更改历史数据。 2. 测试结果，规定数据超出规定范围，依照作业指导书进行调整	
	力矩紧固	机械伤害	1. 使用液压扳手时，手握在液压扳手运动反方向部位，防止挤压手指。 2. 液压扳手头在螺栓上卡好后再施加压力，工作成员之间必须配合默契。 3. 套筒头和力矩扳手连接须牢固，施加力矩注意把握节奏。 4. 液压油管不允许折弯，快速接头须连接完好。 5. 液压扳手使用后应泄压至零位，并断开电源；力矩扳手使用后应将力矩值恢复零位。 6. 在小空间内作业，注意周围环境，避免磕碰伤害	
		触电	液压扳手取电源时，须验电，戴绝缘手套，并将金属外壳可靠接地	
		设备损坏	1. 按照作业指导书要求对各个连接部位进行力矩紧固，确保预紧力一致。 2. 力矩扳手、液压扳手使用前要进行力矩校验，校验合格后，方可使用	

工作内容		存在的危险点	采取的预控措施	备注
定期维护	发电机对中	机械伤害	1. 拆装联轴器时，触发急停按钮，并保证身体和转动部件间的安全距离。 2. 拆装发电机地脚、联轴器时，力矩扳手要卡牢，不要用力过猛。 3. 工作位置选择适当，身体、手不在受力体与坚硬物体之间。 4. 在小空间内作业，注意周围环境，避免磕碰伤害	
		设备损坏	1. 按照作业指导书要求的数据进行测试，测试结果数据超出规定范围，依照作业指导书进行调整。 2. 按照作业指导书要求对各个连接部位进行力矩紧固，确保预紧力一致。 3. 力矩扳手、测量仪器使用前要进行校验，校验合格后，方可使用	
	充氮气	高处落物	氮气笼子应焊接牢固，起吊时人员和车辆不得停留在吊钩下方	
		机械伤害	1. 触发急停按钮，并通过泄压阀泄压。 2. 氮气管路接口应安装牢固，防止高压伤人	
		设备损坏	1. 使用前校验压力表，保证数据的准确性。 2. 按照作业指导书要求数据对各氮气罐进行充压，防止压力过高影响气囊使用寿命	

续表

工作内容	存在的危险点	采取的预控措施	备注
更换叶片、轮毂、导流罩	精神状态	工作负责人发现作业人员精神不振、注意力不集中时，应询问、提醒，必要时更换合格的作业人员	
	人员组织	1. 班长应根据工作内容合理安排能胜任该项工作的人员担任工作负责人，并与工作负责人共同安排小组负责人及工作班成员。 2. 小组分工及人员搭配合理，安排适当。 3. 作业前应对临时工、外协人员进行安全教育培训和考试，方可参加工作，确保所有选派的工作成员各项素质符合工作要求	
	防护用品	1. 准备齐全、合格的安全防护用品，使用前认真检查，破损及不符合要求的及时更换。 2. 作业人员应按要求穿工作服，着装规范，劳保用品佩戴齐全且规范	
	人身伤害	1. 更换前工作负责人必须办理风力机械工作票，对工作班成员进行全面的安全技术交底，并履行签名确认手续，严禁代签。 2. 更换前将远程控制切换到就地控制，防止远程误操作	
	火灾隐患	1. 进入工作现场严禁明火，严禁吸烟。 2. 如需动火须办理动火工作票，经总工程师及以上领导批准后方可开工	

工作内容	存在的危险点	采取的预控措施	备注
更换叶片、轮毂、导流罩	备品备件	1. 工作前，针对更换叶片项目进行备料，工器具及安全用具应充足且符合要求。 2. 工作开始前，检查现场使用的各类工具、材料、备品备件合格完好。 3. 准备好相关作业指导书、安全技术措施及其他相关文件资料	
	高处坠落	1. 选用合格的安全带、安全绳，并按使用要求正确佩戴。 2. 登塔前检查安全钢丝绳是否牢固，有无变形及破损。 3. 机舱外部工作时必须使用两条安全绳，左右挂在安全轨双支撑上。 4. 使用机舱内部吊车时，应将安全绳挂在机舱内部安全环上	
	高处落物	1. 进入作业现场，穿合格的防砸鞋，正确佩戴合格的安全帽，帽带按要求系好。 2. 两人同时上下爬梯时，一人必须将每段塔筒的盖板盖好后，另一人方可上下。 3. 携带工具上下爬梯时，必须使用专用工具包，且携带工具的人员后上先下。 4. 风机下面人员及车辆严禁滞留时间过长。 5. 车辆停在叶片的上风向，严禁停在叶片、机舱底部	

续表

工作内容	存在的危险点	采取的预控措施	备注
更换叶片、轮毂、导流罩	起重伤害	1. 吊车作业应由有资质的专业人员指挥。 2. 使用充好电的对讲机进行指挥，指挥人员必须与起吊司机配合默契。 3. 吊车必须经过专业机构检验合格，吊车指挥及操作人员必须具有相关资质。 4. 根据起吊重量及提升高度选择合适吨位的吊车。 5. 工作人员禁止在吊车起重臂下、旋转半径内停留	
	机械伤害	1. 使用液压扳手时，手握在液压扳手运动反方向部位，防止挤压手指。 2. 液压扳手头在螺栓上卡好后再施加压力，工作成员之间必须配合默契。 3. 套筒头和力矩扳手连接须牢固，施加力矩注意把握节奏。 4. 液压油管不允许折弯，快速接头须连接完好。 5. 液压扳手使用后应泄压至零位，并断开电源；力矩扳手使用后应将力矩值恢复零位。 6. 在小空间内作业，注意周围环境，避免磕碰伤害	
	触电	1. 液压扳手取电源时，须验电，戴绝缘手套，并将金属外壳可靠接地。 2. 停、送电过程中操作人员应戴绝缘手套，穿绝缘鞋，按正确的操作步骤进行。 3. 在使用服务小吊车及大吊车时，注意与箱式变压器及架空线路保持足够的安全距离	

工作内容	存在的危险点	采取的预控措施	备注
更换叶片、轮毂、导流罩	交通安全	1. 驾驶员出车前应检查车辆安全状况良好。 2. 车辆应由公司准驾人员驾驶。 3. 驾驶员出车前或途中严禁饮酒。 4. 车辆行驶过程中，乘车人员禁止与驾驶员交谈。 5. 驾车过程中严禁接打电话	
	设备损坏	1. 选用正确、完好的吊具；锐角吊孔须使用卸扣，不允许直接用吊带。 2. 拉晃绳人员必须保证晃绳始终平稳，避免发生碰撞。 3. 按照作业指导书要求对各个连接部位进行力矩紧固，确保预紧力一致。 4. 力矩扳手、液压扳手使用前要进行力矩校验，校验合格后，方可使用	
	作业环境	1. 工作前严格执行作业指导书的规定作业风速，不得超出规定风速进行作业。 2. 环境温度低于−25℃不允许吊装作业，低于−40℃不允许作业。 3. 大风、雷雨、大雾等恶劣天气禁止作业。 4. 当风速大于10m/s时，注意服务吊车的使用，防止刮碰	

续表

工作内容	存在的危险点	采取的预控措施	备注
更换主轴、齿轮箱	精神状态	工作负责人发现作业人员精神不振、注意力不集中时，应询问、提醒，必要时更换合格的作业人员	
	人员组织	1. 班长应根据工作内容合理安排能胜任该项工作的人员担任工作负责人，并与工作负责人共同安排小组负责人及工作班成员。 2. 小组分工及人员搭配合理，安排适当。 3. 作业前应对临时工、外协人员进行安全教育培训和考试，方可参加工作，确保所有选派的工作成员各项素质符合工作要求	
	防护用品	1. 准备齐全、合格的安全防护用品，使用前认真检查，破损及不符合要求的及时更换。 2. 作业人员应按要求穿工作服，着装规范，劳保用品佩戴齐全且规范	
	人身伤害	1. 更换前工作负责人必须办理风力机械工作票，对工作班成员进行全面的安全技术交底，并履行签名确认手续，严禁代签。 2. 更换前将远程控制切换到就地控制，防止远程误操作	
	火灾隐患	1. 进入工作现场严禁明火，严禁吸烟。 2. 如需动火须办理动火工作票，经总工程师及以上领导批准后方可开工	

工作内容	存在的危险点	采取的预控措施	备注
更换主轴、齿轮箱	备品备件	1. 工作前，针对更换叶片项目进行备料，工器具及安全用具应充足且符合要求。 2. 工作开始前，检查现场使用的各类工具、材料、备品备件合格完好。 3. 准备好相关作业指导书、安全技术措施及其他相关文件资料	
	高处坠落	1. 选用合格的安全带、安全绳，并按使用要求正确佩戴。 2. 登塔前检查安全钢丝绳是否牢固，有无变形及破损。 3. 机舱外部工作时必须使用两条安全绳，左右挂在安全轨双支撑上。 4. 使用机舱内部吊车时，应将安全绳挂在机舱内部安全环上	
	高处落物	1. 进入作业现场，穿合格的防砸鞋，正确佩戴合格的安全帽，帽带按要求系好。 2. 两人同时上下爬梯时，一人必须将每段塔筒的盖板盖好后，另一人方可上下。 3. 携带工具上下爬梯时，必须使用专用工具包，且携带工具的人员后上先下。 4. 风机下面人员及车辆严禁滞留时间过长。 5. 车辆停在叶片的上风向，严禁停在叶片、机舱底部	

续表

工作内容	存在的危险点	采取的预控措施	备注
更换主轴、齿轮箱	起重伤害	1. 吊车作业应由有资质的专业人员指挥。 2. 使用充好电的对讲机进行指挥，指挥人员必须与起吊司机配合默契。 3. 吊车必须经过专业机构检验合格，吊车指挥及操作人员必须具有相关资质。 4. 根据起吊重量及提升高度选择合适吨位的吊车。 5. 工作人员禁止在吊车起重臂下、旋转半径内停留	
	机械伤害	1. 使用液压扳手时，手握在液压扳手运动反方向部位，防止挤压手指。 2. 液压扳手头在螺栓上卡好后再施加压力，工作成员之间必须配合默契。 3. 套筒头和力矩扳手连接须牢固，施加力矩注意把握节奏。 4. 液压油管不允许折弯，快速接头须连接完好。 5. 液压扳手使用后应泄压至零位，并断开电源；力矩扳手使用后应将力矩值恢复零位。 6. 在小空间内作业，注意周围环境，避免磕碰伤害	
	触电	1. 液压扳手取电源时，须验电，戴绝缘手套，并将金属外壳可靠接地。 2. 停、送电过程中操作人员应戴绝缘手套，穿绝缘鞋，按正确的操作步骤进行。 3. 在使用服务小吊车及大吊车时，注意与箱式变压器及架空线路保持足够的安全距离	

工作内容	存在的危险点	采取的预控措施	备注
更换主轴、齿轮箱	交通安全	1. 驾驶员出车前应检查车辆安全状况良好。 2. 车辆应由公司准驾人员驾驶。 3. 驾驶员出车前或途中严禁饮酒。 4. 车辆行驶过程中，乘车人员禁止与驾驶员交谈。 5. 驾车过程中严禁接打电话	
	设备损坏	1. 选用正确、完好的吊具；锐角吊孔须用加装卸扣，不允许直接用吊带。 2. 拉晃绳人员必须保证晃绳始终平稳，避免发生碰撞。 3. 拆下的接线要做好记录，防止恢复时误接线。 4. 整个更换过程应按照作业指导书的要求进行操作。 5. 使用检验合格的吊具，参数应符合齿轮箱重量要求。 6. 按照作业指导书要求对各个连接部位进行力矩紧固，确保预紧力一致。 7. 力矩扳手、液压扳手使用前要进行力矩校验，校验合格后，方可使用。 8. 迎风面偏航90°，锁定叶轮锁及轮毂内部90°锁，两侧锁定销须安装到位，防止脱落。 9. 风速大于12m/s时禁止吊装	

风电作业

危险点辨识及预控

续表

工作内容	存在的危险点	采取的预控措施	备注
更换主轴、齿轮箱	作业环境	1. 工作前严格执行作业指导书的规定作业风速，不得超出规定风速进行作业。 2. 环境温度低于−25℃不允许吊装作业，低于−40℃不允许作业。 3. 大风、雷雨、大雾等恶劣天气禁止作业。 4. 当风速大于10m/s时，注意服务吊车的使用，防止刮碰	
更换发电机	精神状态	工作负责人发现作业人员精神不振、注意力不集中时，应询问、提醒，必要时更换合格的作业人员	
	人员组织	1. 班长应根据工作内容合理安排能胜任该项工作的人员担任工作负责人，并与工作负责人共同安排小组负责人及工作班成员。 2. 小组分工及人员搭配合理，安排适当。 3. 作业前应对临时工、外协人员进行安全教育培训和考试，方可参加工作，确保所有选派的工作成员各项素质符合工作要求	
	防护用品	1. 准备齐全、合格的安全防护用品，使用前认真检查，破损及不符合要求的及时更换。 2. 作业人员应按要求穿工作服，着装规范，劳保用品佩戴齐全且规范	

工作内容	存在的危险点	采取的预控措施	备注
更换发电机	人身伤害	1. 更换前工作负责人必须办理风力机械工作票，对工作班成员进行全面的安全技术交底，并履行签名确认手续，严禁代签。 2. 更换前将远程控制切换到就地控制，防止远程误操作	
	火灾隐患	1. 进入工作现场严禁明火，严禁吸烟。 2. 如需动火须办理动火工作票，经总工程师及以上领导批准后方可开工	
	备品备件	1. 工作前，针对更换项目进行备料，工器具及安全用具应充足且符合要求。 2. 工作开始前，检查现场使用的各类工具、材料、备品备件合格完好。 3. 准备好相关作业指导书、安全技术措施及其他相关文件资料	
	高处坠落	1. 选用合格的安全带、安全绳，并按使用要求正确佩戴。 2. 登塔前检查安全钢丝绳是否牢固，有无变形及破损。 3. 机舱外部工作时必须使用两条安全绳，左右挂在安全轨双支撑上。 4. 使用机舱内部吊车时，应将安全绳挂在机舱内部安全环上	

续表

工作内容	存在的危险点	采取的预控措施	备注
更换发电机	高处落物	1. 进入作业现场，穿合格的防砸鞋，正确佩戴合格的安全帽，帽带按要求系好。 2. 两人同时上下爬梯时，一人必须将每段塔筒的盖板盖好后，另一人方可上下。 3. 携带工具上下爬梯时，必须使用专用工具包，且携带工具的人员后上先下。 4. 风机下面人员及车辆严禁滞留时间过长。 5. 车辆停在叶片的上风向，严禁停在叶片、机舱底部	
	起重伤害	1. 吊车作业应由有资质的专业人员指挥。 2. 使用充好电的对讲机进行指挥，指挥人员必须与起吊司机配合默契。 3. 吊车必须经过专业机构检验合格，吊车指挥及操作人员必须具有相关资质。 4. 根据起吊重量及提升高度选择合适吨位的吊车。 5. 工作人员禁止在吊车起重臂下、旋转半径内停留	
	机械伤害	1. 拆装轴承时，专用工具要卡牢，不要用力过猛。 2. 工作位置选择适当，身体、手不在受力体与坚硬物体之间。 3. 套筒头和力矩扳手连接须牢固。 4. 在小空间内作业，注意周围环境，避免磕碰伤害。 5. 力矩扳手使用后应将力矩值恢复零位	

工作内容	存在的危险点	采取的预控措施	备注
更换发电机	触电	1. 液压扳手取电源时，须验电，戴绝缘手套，并将金属外壳可靠接地。 2. 停、送电过程中操作人员应戴绝缘手套，穿绝缘鞋，按正确的操作步骤进行。 3. 在使用服务小吊车及大吊车时，注意与箱式变压器及架空线路保持足够的安全距离。 4. 拉开箱式变压器690V断路器，并对检修设备进行验电，确无电压后，方可工作	
	交通安全	1. 驾驶员出车前应检查车辆安全状况良好。 2. 车辆应由公司准驾人员驾驶。 3. 驾驶员出车前或途中严禁饮酒。 4. 车辆行驶过程中，乘车人员禁止与驾驶员交谈。 5. 驾车过程中严禁接打电话	
	设备损坏	1. 选用正确、完好的吊具；锐角吊孔须用加卸扣，不允许直接用吊带。 2. 拉晃绳人员必须保证晃绳始终平稳，避免发生碰撞。 3. 拆下的接线要做好记录，防止恢复时误接线。 4. 整个更换过程应按照作业指导书的要求进行操作。 5. 使用检验合格的吊具，吊具规格应符合齿轮箱重量要求。 6. 按照作业指导书要求对各个连接部位进行力矩紧固，确保预紧力一致。 7. 力矩扳手使用前要进行力矩校验，校验合格后，方可使用。 8. 迎风面偏航90°锁定叶轮，两侧锁定销须安装到位防止脱落，触发急停按钮。 9. 风速大于12m/s时禁止吊装	

续表

工作内容	存在的危险点	采取的预控措施	备注
更换发电机	作业环境	1. 工作前严格执行作业指导书的规定作业风速，不得超出规定风速进行作业。 2. 环境温度低于−25℃不允许吊装作业，低于−40℃不允许作业。 3. 大风、雷雨、大雾等恶劣天气禁止作业。 4. 当风速大于10m/s时，注意服务吊车的使用，防止刮碰	
更换发电机轴承	精神状态	工作负责人发现作业人员精神不振、注意力不集中时，应询问、提醒，必要时更换合格的作业人员	
	人员组织	1. 班长应根据工作内容合理安排能胜任该项工作的人员担任工作负责人，并与工作负责人共同安排小组负责人及工作班成员。 2. 小组分工及人员搭配合理，安排适当	
	防护用品	1. 准备齐全、合格的安全防护用品，使用前认真检查，破损及不符合要求的及时更换。 2. 作业人员应按要求穿工作服，着装规范，劳保用品佩戴齐全且规范	
	人身伤害	1. 更换前工作负责人必须办理风力机械工作票，对工作班成员进行全面的安全技术交底，并履行签名确认手续，严禁代签。 2. 更换前将远程控制切换到就地控制，防止远程误操作。 3. 更换时至少有两人在一起工作	

工作内容	存在的危险点	采取的预控措施	备注
更换发电机轴承	火灾隐患	1. 进入工作现场严禁明火，严禁吸烟。 2. 如需动火须办理动火工作票，经总工程师及以上领导批准后方可开工	
	备品备件	1. 工作前，针对更换项目进行备料，工器具及安全用具应充足且符合要求。 2. 工作开始前，检查现场使用的各类工具、材料、备品备件合格完好。 3. 准备好相关作业指导书、安全技术措施及其他相关文件资料	
	高处坠落	1. 选用合格的安全带、安全绳，并按使用要求正确佩戴。 2. 登塔前检查安全钢丝绳是否牢固，有无变形及破损。 3. 使用机舱内部吊车时，应将安全绳挂在机舱内部安全环上	
	高处落物	1. 进入作业现场，穿合格的防砸鞋，正确佩戴合格的安全帽，帽带按要求系好。 2. 两人同时上下爬梯时，一人必须将每段塔筒的盖板盖好后，另一人方可上下。 3. 携带工具上下爬梯时，必须使用专用工具包，且携带工具的人员后上先下。 4. 风机下面人员及车辆严禁滞留时间过长。 5. 车辆停在叶片的上风向，严禁停在叶片、机舱底部	

续表

工作内容	存在的危险点	采取的预控措施	备注
更换发电机轴承	机械伤害	1. 拆装轴承时，专用工具要卡牢，不要用力过猛。 2. 工作位置选择适当，身体、手不在受力体与坚硬物体之间。 3. 套筒头和力矩扳手连接须牢固。 4. 在小空间内作业，注意周围环境，避免磕碰伤害。 5. 力矩扳手使用后应将力矩值恢复零位	
	触电	1. 停、送电过程中操作人员应戴绝缘手套，穿绝缘鞋，按正确的操作步骤进行。 2. 在使用服务小吊车时，注意与箱式变压器及架空线路保持足够的安全距离	
	交通安全	1. 驾驶员出车前应检查车辆安全状况良好。 2. 车辆应由公司准驾人员驾驶。 3. 驾驶员出车前或途中严禁饮酒。 4. 车辆行驶过程中，乘车人员禁止与驾驶员交谈。 5. 驾车过程中严禁接打电话	
	设备损坏	1. 按照作业指导书要求对各个连接部位进行力矩紧固，确保预紧力一致。 2. 力矩扳手使用前要进行力矩校验，校验合格后，方可使用。 3. 拆下的接线要做好记录，防止恢复时误接线。 4. 整个更换过程应按照作业指导书的要求进行操作。 5. 迎风面偏航90°锁定叶轮，两侧锁定销须安装到位防止脱落，触发急停按钮	

工作内容	存在的危险点	采取的预控措施	备注
更换发电机轴承	作业环境	1. 工作前严格执行作业指导书的规定作业风速，不得超出规定风速进行作业。 2. 环境温度低于−40℃不允许作业。 3. 大风、雷雨、大雾等恶劣天气禁止作业。 4. 当风速大于10m/s时，注意服务吊车的使用，防止刮碰	
更换电动机	精神状态	工作负责人发现作业人员精神不振、注意力不集中时，应询问、提醒，必要时更换合格的作业人员	
更换电动机	人员组织	1. 班长应根据工作内容合理安排能胜任该项工作的人员担任工作负责人，并与工作负责人共同安排小组负责人及工作班成员。 2. 小组分工及人员搭配合理，安排适当	
更换电动机	防护用品	1. 准备齐全、合格的安全防护用品，使用前认真检查，破损及不符合要求的及时更换。 2. 作业人员应按要求穿工作服，着装规范，劳保用品佩戴齐全且规范	
更换电动机	人身伤害	1. 更换前工作负责人必须办理风力机械工作票，对工作班成员进行全面的安全技术交底，并履行签名确认手续，严禁代签。 2. 更换前将远程控制切换到就地控制，防止远程误操作。 3. 更换时至少有两人在一起工作	

续表

工作内容	存在的危险点	采取的预控措施	备注
更换电动机	火灾隐患	1. 进入工作现场严禁明火，严禁吸烟。 2. 如需动火须办理动火工作票，经总工程师及以上领导批准后方可开工	
	备品备件	1. 工作前，针对更换项目进行备料，工器具及安全用具应充足且符合要求。 2. 工作开始前，检查现场使用的各类工具、材料、备品备件合格完好。 3. 准备好相关作业指导书、安全技术措施及其他相关文件资料	
	高处坠落	1. 选用合格的安全带、安全绳，并按使用要求正确佩戴。 2. 登塔前检查安全钢丝绳是否牢固，有无变形及破损。 3. 机舱外部工作时必须使用两条安全绳，左右挂在安全轨双支撑上。 4. 使用机舱内部吊车时，应将安全绳挂在机舱内部安全环上	
	高处落物	1. 进入作业现场，穿合格的防砸鞋，正确佩戴合格的安全帽，帽带按要求系好。 2. 两人同时上下爬梯时，一人必须将每段塔筒的盖板盖好后，另一人方可上下。 3. 携带工具上下爬梯时，必须使用专用工具包，且携带工具的人员后上先下。 4. 风机下面人员及车辆严禁滞留时间过长。 5. 车辆停在叶片的上风向，严禁停在叶片、机舱底部	

工作内容	存在的危险点	采取的预控措施	备注
更换电动机	机械伤害	1. 拆装电动机时，专用工具要卡牢，不要用力过猛。 2. 工作位置选择适当，身体、手不在受力体与坚硬物体之间。 3. 套筒头和力矩扳手连接须牢固。 4. 在小空间内作业，注意周围环境，避免磕碰伤害。 5. 力矩扳手使用后应将力矩值恢复零位	
	触电	1. 停、送电过程中操作人员应戴绝缘手套，穿绝缘鞋，按正确的操作步骤进行。 2. 在使用服务小吊车时，注意与箱式变压器及架空线路保持足够的安全距离	
	交通安全	1. 驾驶员出车前应检查车辆安全状况良好。 2. 车辆应由公司准驾人员驾驶。 3. 驾驶员出车前或途中严禁饮酒。 4. 车辆行驶过程中，乘车人员禁止与驾驶员交谈。 5. 驾车过程中严禁接打电话	
	设备损坏	1. 按照作业指导书要求对各个连接部位进行力矩紧固，确保预紧力一致。 2. 力矩扳手使用前要进行力矩校验，校验合格后，方可使用。 3. 拆下的接线要做好记录，防止恢复时误接线。 4. 拆装时应轻抬慢放，注意力集中，拿稳扶好，配合默契。 5. 整个更换过程应按照作业指导书的要求进行操作	

续表

工作内容	存在的危险点	采取的预控措施	备注
更换电动机	作业环境	1. 工作前严格执行作业指导书的规定作业风速，不得超出规定风速进行作业。 2. 环境温度低于－40℃不允许作业。 3. 大风、雷雨、大雾等恶劣天气禁止作业。 4. 当风速大于10m/s时，注意服务吊车的使用，防止刮碰	
更换断路器、接触器、继电器、熔断器	精神状态	工作负责人发现作业人员精神不振、注意力不集中时，应询问、提醒，必要时更换合格的作业人员	
	人员组织	1. 班长应根据工作内容合理安排能胜任该项工作的人员担任工作负责人，并与工作负责人共同安排小组负责人及工作班成员。 2. 小组分工及人员搭配合理，安排适当	
	防护用品	1. 准备齐全、合格的安全防护用品，使用前认真检查，破损及不符合要求的及时更换。 2. 作业人员应按要求穿工作服，着装规范，劳保用品佩戴齐全且规范	
	人身伤害	1. 更换前工作负责人必须办理风力机械工作票，对工作班成员进行全面的安全技术交底，并履行签名确认手续，严禁代签。 2. 更换前将远程控制切换到就地控制，防止远程误操作。 3. 更换时至少有两人在一起工作	

工作内容	存在的危险点	采取的预控措施	备注
更换断路器、接触器、继电器、熔断器	火灾隐患	进入工作现场严禁明火，严禁吸烟	
	备品备件	1. 工作前，针对更换项目进行备料，工器具及安全用具应充足且符合要求。 2. 工作开始前，检查现场使用的各类工具、材料、备品备件合格完好。 3. 准备好相关作业指导书、安全技术措施及其他相关文件资料	
	高处坠落	1. 选用合格的安全带、安全绳，并按使用要求正确佩戴。 2. 登塔前检查安全钢丝绳是否牢固，有无变形及破损。 3. 使用机舱内部吊车时，应将安全绳挂在机舱内部安全环上	
	高处落物	1. 进入作业现场，穿合格的防砸鞋，正确佩戴合格的安全帽，帽带按要求系好。 2. 两人同时上下爬梯时，一人必须将每段塔筒的盖板盖好后，另一人方可上下。 3. 携带工具上下爬梯时，必须使用专用工具包，且携带工具的人员后上先下。 4. 风机下面人员及车辆严禁滞留时间过长。 5. 车辆停在叶片的上风向，严禁停在叶片、机舱底部	

续表

工作内容	存在的危险点	采取的预控措施	备注
更换断路器、接触器、继电器、熔断器	机械伤害	1. 拆装时，专用工具要卡牢，不要用力过猛。 2. 工作位置选择适当，身体、手不在受力体与坚硬物体之间。 3. 套筒头和力矩扳手连接须牢固。 4. 在小空间内作业，注意周围环境，避免磕碰伤害。 5. 力矩扳手使用后应将力矩值恢复零位	
	触电	1. 停、送电过程中操作人员应戴绝缘手套，穿绝缘鞋，按正确的操作步骤进行。 2. 在使用服务小吊车时，注意与箱式变压器及架空线路保持足够的安全距离。 3. 拆装时需要设置专人监护，与带电部位保持足够的安全距离。 4. 拉开与拆装相关的检修设备电源，并进行验电，确无电压后，方可工作	
	交通安全	1. 驾驶员出车前应检查车辆安全状况良好。 2. 车辆应由公司准驾人员驾驶。 3. 驾驶员出车前或途中严禁饮酒。 4. 车辆行驶过程中，乘车人员禁止与驾驶员交谈。 5. 驾车过程中严禁接打电话	

工作内容	存在的危险点	采取的预控措施	备注
更换断路器、接触器、继电器、熔断器	设备损坏	1. 按照作业指导书要求对各个连接部位进行力矩紧固，确保预紧力一致。 2. 力矩扳手使用前要进行力矩校验，校验合格后，方可使用。 3. 拆下的接线要做好记录，防止恢复时误接线。 4. 拆装时应轻抬慢放，注意力集中，拿稳扶好，配合默契。 5. 整个更换过程应按照作业指导书的要求进行操作	
	作业环境	1. 工作前严格执行作业指导书的规定作业风速，不得超出规定风速进行作业。 2. 环境温度低于−40℃不允许作业。 3. 大风、雷雨、大雾等恶劣天气禁止作业。 4. 当风速大于10m/s时，注意服务吊车的使用，防止刮碰	
更换模块	精神状态	工作负责人发现作业人员精神不振、注意力不集中时，应询问、提醒，必要时更换合格的作业人员	
	人员组织	1. 班长应根据工作内容合理安排能胜任该项工作的人员担任工作负责人，并与工作负责人共同安排小组负责人及工作班成员。 2. 小组分工及人员搭配合理，安排适当	

续表

工作内容	存在的危险点	采取的预控措施	备注
更换模块	防护用品	1. 准备齐全、合格的安全防护用品，使用前认真检查，破损及不符合要求的及时更换。 2. 作业人员应按要求穿工作服，着装规范，劳保用品佩戴齐全且规范	
	人身伤害	1. 更换前工作负责人必须办理风力机械工作票，对工作班成员进行全面的安全技术交底，并履行签名确认手续，严禁代签。 2. 更换前将远程控制切换到就地控制，防止远程误操作。 3. 更换时至少有两人在一起工作	
	火灾隐患	进入工作现场严禁明火，严禁吸烟	
	备品备件	1. 工作前，针对更换项目进行备料，工器具及安全用具应充足且符合要求。 2. 工作开始前，检查现场使用的各类工具、材料、备品备件合格完好。 3. 准备好相关作业指导书、安全技术措施及其他相关文件资料	
	高处坠落	1. 选用合格的安全带、安全绳，并按使用要求正确佩戴。 2. 登塔前检查安全钢丝绳是否牢固，有无变形及破损。 3. 使用机舱内部吊车时，应将安全绳挂在机舱内部安全环上	

工作内容	存在的危险点	采取的预控措施	备注
更换模块	高处落物	1. 进入作业现场，穿合格的防砸鞋，正确佩戴合格的安全帽，帽带按要求系好。 2. 两人同时上下爬梯时，一人必须将每段塔筒的盖板盖好后，另一人方可上下。 3. 携带工具上下爬梯时，必须使用专用工具包，且携带工具的人员后上先下。 4. 风机下面人员及车辆严禁滞留时间过长。 5. 车辆停在叶片的上风向，严禁停在叶片、机舱底部	
	触电	1. 停、送电过程中操作人员应戴绝缘手套，穿绝缘鞋，按正确的操作步骤进行。 2. 在使用服务小吊车时，注意与箱式变压器及架空线路保持足够的安全距离。 3. 拆装时需要设置专人监护，与其他带电部位保持足够的安全距离	
	交通安全	1. 驾驶员出车前应检查车辆安全状况良好。 2. 车辆应由公司准驾人员驾驶。 3. 驾驶员出车前或途中严禁饮酒。 4. 车辆行驶过程中，乘车人员禁止与驾驶员交谈。 5. 驾车过程中严禁接打电话	

续表

工作内容	存在的危险点	采取的预控措施	备注
更换模块	设备损坏	1. 拆下的接线要做好记录，防止恢复时误接线。 2. 整个更换过程应按照检修工艺的要求进行。 3. 更换前断电，防止烧损原件	
	作业环境	1. 工作前严格执行作业指导书的规定作业风速，不得超出规定风速进行作业。 2. 环境温度低于−40℃不允许作业。 3. 大风、雷雨、大雾等恶劣天气禁止作业。 4. 当风速大于10m/s时，注意服务吊车的使用，防止刮碰	
更换IGBT	精神状态	工作负责人发现作业人员精神不振、注意力不集中时，应询问、提醒，必要时更换合格的作业人员	
	人员组织	1. 班长应根据工作内容合理安排能胜任该项工作的人员担任工作负责人，并与工作负责人共同安排小组负责人及工作班成员。 2. 小组分工及人员搭配合理，安排适当	
	防护用品	1. 准备齐全、合格的安全防护用品，使用前认真检查，破损及不符合要求的及时更换。 2. 作业人员应按要求穿工作服，着装规范，劳保用品佩戴齐全且规范	

工作内容	存在的危险点	采取的预控措施	备注
更换IGBT	人身伤害	1. 更换前工作负责人必须办理风力机械工作票，对工作班成员进行全面的安全技术交底，并履行签名确认手续，严禁代签。 2. 更换前将远程控制切换到就地控制，防止远程误操作。 3. 更换时至少有两人在一起工作	
	火灾隐患	进入工作现场严禁明火，严禁吸烟	
	备品备件	1. 工作前，针对更换项目进行备料，工器具及安全用具应充足且符合要求。 2. 工作开始前，检查现场使用的各类工具、材料、备品备件合格完好。 3. 准备好相关作业指导书、安全技术措施及其他相关文件资料	
	高处坠落	1. 选用合格的安全带、安全绳，并按使用要求正确佩戴。 2. 登塔前检查安全钢丝绳是否牢固，有无变形及破损。 3. 使用机舱内部吊车时，应将安全绳挂在机舱内部安全环上	
	高处落物	1. 进入作业现场，穿合格的防砸鞋，正确佩戴合格的安全帽，帽带按要求系好。 2. 两人同时上下爬梯时，一人必须将每段塔筒的盖板盖好后，另一人方可上下。 3. 携带工具上下爬梯时，必须使用专用工具包，且携带工具的人员后上先下。 4. 风机下面人员及车辆严禁滞留时间过长。 5. 车辆停在叶片的上风向，严禁停在叶片、机舱底部	

续表

工作内容	存在的危险点	采取的预控措施	备注
更换IGBT	机械伤害	1. 拆装时，专用工具要卡牢，不要用力过猛。 2. 工作位置选择适当，身体、手不在受力体与坚硬物体之间。 3. 套筒头和力矩扳手连接须牢固。 4. 在小空间内作业，注意周围环境，避免磕碰伤害。 5. 力矩扳手使用后应将力矩值恢复零位	
	触电	1. 停、送电过程中操作人员应戴绝缘手套，穿绝缘鞋，按正确的操作步骤进行。 2. 在使用服务小吊车时，注意与箱式变压器及架空线路保持足够的安全距离。 3. 拆装时需要设置专人监护，与其他带电部位保持足够的安全距离。 4. 拉开与拆装相关的检修设备电源，并进行验电，确无电压后方可工作	
	交通安全	1. 驾驶员出车前应检查车辆安全状况良好。 2. 车辆应由公司准驾人员驾驶。 3. 驾驶员出车前或途中严禁饮酒。 4. 车辆行驶过程中，乘车人员禁止与驾驶员交谈。 5. 驾车过程中严禁接打电话	

工作内容	存在的危险点	采取的预控措施	备注
更换IGBT	设备损坏	1. 拆下的接线要做好记录，防止恢复时误接线。 2. 整个更换过程应按照作业指导书的要求进行。 3. 更换前关闭水泵阀门，待冷却液全部放出后进行更换。 4. 正确使用工器具，更换完毕后把各螺栓紧固好。 5. 更换后系统应进行排气，保证冷却液的正常循环。 6. 更换后进行测试，防止冷却水渗漏。 7. 按照作业指导书要求对各个连接部位进行力矩紧固，确保预紧力一致。 8. 力矩扳手使用前要进行力矩校验，校验合格后，方可使用	
	作业环境	1. 工作前严格执行作业指导书的规定作业风速，不得超出规定风速进行作业。 2. 环境温度低于−40℃不允许作业。 3. 大风、雷雨、大雾等恶劣天气禁止作业。 4. 当风速大于10m/s时，注意服务吊车的使用，防止刮碰	
更换冷却水泵	精神状态	工作负责人发现作业人员精神不振、注意力不集中时，应询问、提醒，必要时更换合格的作业人员	
	人员组织	1. 班长应根据工作内容合理安排能胜任该项工作的人员担任工作负责人，并与工作负责人共同安排小组负责人及工作班成员。 2. 小组分工及人员搭配合理，安排适当	

续表

工作内容	存在的危险点	采取的预控措施	备注
更换冷却水泵	防护用品	1. 准备齐全、合格的安全防护用品，使用前认真检查，破损及不符合要求的及时更换。 2. 作业人员应按要求穿工作服，着装规范，劳保用品佩戴齐全且规范	
	人身伤害	1. 更换前工作负责人必须办理风力机械工作票，对工作班成员进行全面的安全技术交底，并履行签名确认手续，严禁代签。 2. 更换前将远程控制切换到就地控制，防止远程误操作。 3. 更换时至少有两人在一起工作。 4. 工作中应戴橡胶手套，防止冷却液腐蚀皮肤	
	火灾隐患	进入工作现场严禁明火，严禁吸烟	
	备品备件	1. 工作前，针对更换项目进行备料，工器具及安全用具应充足且符合要求。 2. 工作开始前，检查现场使用的各类工具、材料、备品备件合格完好。 3. 准备好相关作业指导书、安全技术措施及其他相关文件资料	
	高处坠落	1. 选用合格的安全带、安全绳，并按使用要求正确佩戴。 2. 登塔前检查安全钢丝绳是否牢固，有无变形及破损。 3. 使用机舱内部吊车时，应将安全绳挂在机舱内部安全环上	

工作内容	存在的危险点	采取的预控措施	备注
更换冷却水泵	高处落物	1. 进入作业现场，穿合格的防砸鞋，正确佩戴合格的安全帽，帽带按要求系好。 2. 两人同时上下爬梯时，一人必须将每段塔筒的盖板盖好后，另一人方可上下。 3. 携带工具上下爬梯时，必须使用专用工具包，且携带工具的人员后上先下。 4. 风机下面人员及车辆严禁滞留时间过长。 5. 车辆停在叶片的上风向，严禁停在叶片、机舱底部	
	机械伤害	1. 拆装时，专用工具要卡牢，不要用力过猛。 2. 工作位置选择适当，身体、手不在受力体与坚硬物体之间。 3. 套筒头和力矩扳手连接须牢固。 4. 在小空间内作业，注意周围环境，避免磕碰伤害。 5. 力矩扳手使用后应将力矩值恢复零位	
	触电	1. 停、送电过程中操作人员应戴绝缘手套，穿绝缘鞋，按正确的操作步骤进行。 2. 在使用服务小吊车时，注意与箱式变压器及架空线路保持足够的安全距离。 3. 拆装时需要设置专人监护。 4. 拉开与拆装相关的检修设备电源，并进行验电，确无电压后，方可工作	

续表

工作内容	存在的危险点	采取的预控措施	备注
更换冷却水泵	交通安全	1. 驾驶员出车前应检查车辆安全状况良好。 2. 车辆应由公司准驾人员驾驶。 3. 驾驶员出车前或途中严禁饮酒。 4. 车辆行驶过程中，乘车人员禁止与驾驶员交谈。 5. 驾车过程中严禁接打电话	
	设备损坏	1. 拆下的接线要做好记录，防止恢复时误接线。 2. 拆装时应轻抬慢放，注意力集中，拿稳扶好，配合默契。 3. 整个更换过程应按照作业指导书的要求进行。 4. 更换水泵后应进行排气。 5. 更换后进行测试，防止冷却水渗漏。 6. 按照作业指导书要求对各个连接部位进行力矩紧固，确保预紧力一致。 7. 力矩扳手使用前要进行力矩校验，校验合格后，方可使用	
	作业环境	1. 工作前严格执行作业指导书的规定作业风速，不得超出规定风速进行作业。 2. 环境温度低于−40℃不允许作业。 3. 大风、雷雨、大雾等恶劣天气禁止作业。 4. 当风速大于10m/s时，注意服务吊车的使用，防止刮碰	

工作内容	存在的危险点	采取的预控措施	备注
更换变压器、电抗器、电容器	精神状态	工作负责人发现作业人员精神不振、注意力不集中时，应询问、提醒，必要时更换合格的作业人员	
	人员组织	1. 班长应根据工作内容合理安排能胜任该项工作的人员担任工作负责人，并与工作负责人共同安排小组负责人及工作班成员。 2. 小组分工及人员搭配合理，安排适当	
	防护用品	1. 准备齐全、合格的安全防护用品，使用前认真检查，破损及不符合要求的及时更换。 2. 作业人员应按要求穿工作服，着装规范，劳保用品佩戴齐全且规范	
	人身伤害	1. 更换前工作负责人必须办理风力机械工作票，对工作班成员进行全面的安全技术交底，并履行签名确认手续，严禁代签。 2. 更换前将远程控制切换到就地控制，防止远程误操作。 3. 更换时至少有两人在一起工作	
	火灾隐患	进入工作现场严禁明火，严禁吸烟	
	备品备件	1. 工作前，针对更换项目进行备料，工器具及安全用具应充足且符合要求。 2. 工作开始前，检查现场使用的各类工具、材料、备品备件合格完好。 3. 准备好相关作业指导书、安全技术措施及其他相关文件资料	

风电作业

危险点辨识及预控

续表

工作内容	存在的危险点	采取的预控措施	备注
更换变压器、电抗器、电容器	高处坠落	1. 选用合格的安全带、安全绳，并按使用要求正确佩戴。 2. 登塔前检查安全钢丝绳是否牢固，有无变形及破损。 3. 使用机舱内部吊车时，应将安全绳挂在机舱内部安全环上	
	高处落物	1. 进入作业现场，穿合格的防砸鞋，正确佩戴合格的安全帽，帽带按要求系好。 2. 两人同时上下爬梯时，一人必须将每段塔筒的盖板盖好后，另一人方可上下。 3. 携带工具上下爬梯时，必须使用专用工具包，且携带工具的人员后上先下。 4. 风机下面人员及车辆严禁滞留时间过长。 5. 车辆停在叶片的上风向，严禁停在叶片、机舱底部	
	机械伤害	1. 拆装时，专用工具要卡牢，不要用力过猛。 2. 工作位置选择适当，身体、手不在受力体与坚硬物体之间。 3. 套筒头和力矩扳手连接须牢固。 4. 在小空间内作业，注意周围环境，避免磕碰伤害。 5. 力矩扳手使用后应将力矩值恢复零位	
	触电	1. 停、送电过程中操作人员应戴绝缘手套，穿绝缘鞋，按正确的操作步骤进行。 2. 在使用服务小吊车时，注意与箱式变压器及架空线路保持足够的安全距离。 3. 拆装时需要设置专人监护。 4. 拉开与拆装相关的检修设备电源，并进行验电、放电确无电压后，方可工作	

工作内容	存在的危险点	采取的预控措施	备注
更换变压器、电抗器、电容器	交通安全	1. 驾驶员出车前应检查车辆安全状况良好。 2. 车辆应由公司准驾人员驾驶。 3. 驾驶员出车前或途中严禁饮酒。 4. 车辆行驶过程中，乘车人员禁止与驾驶员交谈。 5. 驾车过程中严禁接打电话	
	设备损坏	1. 拆下的接线要做好记录，防止恢复时误接线。 2. 拆装时应轻抬慢放，注意力集中，拿稳扶好，配合默契。 3. 整个更换过程应按照作业指导书的要求进行。 4. 选用试验合格的设备进行更换，防止送电后烧损其他设备。 5. 按照作业指导书要求对各个连接部位进行力矩紧固，确保预紧力一致。 6. 力矩扳手使用前要进行力矩校验，校验合格后，方可使用	
	作业环境	1. 工作前严格执行作业指导书的规定作业风速，不得超出规定风速进行作业。 2. 环境温度低于-40℃不允许作业。 3. 大风、雷雨、大雾等恶劣天气禁止作业。 4. 当风速大于10m/s时，注意服务吊车的使用，防止刮碰	

风电作业

危险点辨识及预控

续表

工作内容	存在的危险点	采取的预控措施	备注
更换滑环	精神状态	工作负责人发现作业人员精神不振、注意力不集中时，应询问、提醒，必要时更换合格的作业人员	
	人员组织	1. 班长应根据工作内容合理安排能胜任该项工作的人员担任工作负责人，并与工作负责人共同安排小组负责人及工作班成员。 2. 小组分工及人员搭配合理，安排适当	
	防护用品	1. 准备齐全、合格的安全防护用品，使用前认真检查，破损及不符合要求的及时更换。 2. 作业人员应按要求穿工作服，着装规范，劳保用品佩戴齐全且规范	
	人身伤害	1. 更换前工作负责人必须办理风力机械工作票，对工作班成员进行全面的安全技术交底，并履行签名确认手续，严禁代签。 2. 更换前将远程控制切换到就地控制，防止远程误操作。 3. 更换时至少有两人在一起工作。 4. 按要求戴好防尘口罩，避免碳粉吸入体内	
	火灾隐患	进入工作现场严禁明火，严禁吸烟	
	备品备件	1. 工作前，针对更换项目进行备料，工器具及安全用具应充足且符合要求。 2. 工作开始前，检查现场使用的各类工具、材料、备品备件合格完好。 3. 准备好相关作业指导书、安全技术措施及其他相关文件资料	

工作内容	存在的危险点	采取的预控措施	备注
更换滑环	高处坠落	1. 选用合格的安全带、安全绳，并按使用要求正确佩戴。 2. 登塔前检查安全钢丝绳是否牢固，有无变形及破损。 3. 使用机舱内部吊车时，应将安全绳挂在机舱内部安全环上	
	高处落物	1. 进入作业现场，穿合格的防砸鞋，正确佩戴合格的安全帽，帽带按要求系好。 2. 两人同时上下爬梯时，一人必须将每段塔筒的盖板盖好后，另一人方可上下。 3. 携带工具上下爬梯时，必须使用专用工具包，且携带工具的人员后上先下。 4. 风机下面人员及车辆严禁滞留时间过长。 5. 车辆停在叶片的上风向，严禁停在叶片、机舱底部	
	机械伤害	1. 拆装时，专用工具要卡牢，不要用力过猛。 2. 工作位置选择适当，身体、手不在受力体与坚硬物体之间。 3. 套筒头和力矩扳手连接须牢固。 4. 在小空间内作业，注意周围环境，避免磕碰伤害。 5. 力矩扳手使用后应将力矩值恢复零位。 6. 进轮毂前，迎风面偏航90°锁定叶轮，两侧锁定销须安装到位防止脱落，触发急停按钮，风速大于10m/s时禁止进入	

续表

工作内容	存在的危险点	采取的预控措施	备注
更换滑环	触电	1. 停、送电过程中操作人员应戴绝缘手套，穿绝缘鞋，按正确的操作步骤进行。 2. 在使用服务小吊车时，注意与箱式变压器及架空线路保持足够的安全距离。 3. 拆装时需要设置专人监护。 4. 拉开与拆装相关的检修设备电源，并进行验电，确无电压后，方可工作	
	交通安全	1. 驾驶员出车前应检查车辆安全状况良好。 2. 车辆应由公司准驾人员驾驶。 3. 驾驶员出车前或途中严禁饮酒。 4. 车辆行驶过程中，乘车人员禁止与驾驶员交谈。 5. 驾车过程中严禁接打电话	
	设备损坏	1. 拆下的接线要做好记录，防止恢复时误接线。 2. 拆装时应轻抬慢放，注意力集中，拿稳扶好，配合默契。 3. 整个更换过程应按照作业指导书的要求进行。 4. 新滑环必须安装到位，避免连接部分和导体接触，导致接地。 5. 将滑环室内的碳粉清理干净。 6. 按照作业指导书要求对各个连接部位进行力矩紧固，确保预紧力一致。 7. 力矩扳手使用前要进行力矩校验，校验合格后，方可使用	

工作内容	存在的危险点	采取的预控措施	备注
更换滑环	作业环境	1. 工作前严格执行作业指导书的规定作业风速，不得超出规定风速进行作业。 2. 环境温度低于−40℃不允许作业。 3. 大风、雷雨、大雾等恶劣天气禁止作业。 4. 当风速大于10m/s时，注意服务吊车的使用，防止刮碰	
更换集电环、碳刷	精神状态	工作负责人发现作业人员精神不振、注意力不集中时，应询问、提醒，必要时更换合格的作业人员	
	人员组织	1. 班长应根据工作内容合理安排能胜任该项工作的人员担任工作负责人，并与工作负责人共同安排小组负责人及工作班成员。 2. 小组分工及人员搭配合理，安排适当	
	防护用品	1. 准备齐全、合格的安全防护用品，使用前认真检查，破损及不符合要求的及时更换。 2. 作业人员应按要求穿工作服，着装规范，劳保用品佩戴齐全且规范	
	人身伤害	1. 更换前工作负责人必须办理风力机械工作票，对工作班成员进行全面的安全技术交底，并履行签名确认手续，严禁代签。 2. 更换前将远程控制切换到就地控制，防止远程误操作。 3. 更换时至少有两人在一起工作。 4. 按要求戴好防尘口罩，避免碳粉吸入体内	

续表

工作内容	存在的危险点	采取的预控措施	备注
更换集电环、碳刷	火灾隐患	1. 进入工作现场严禁明火，严禁吸烟。 2. 如需动火须办理动火工作票，经总工程师及以上领导批准后方可开工	
	备品备件	1. 工作前，针对更换项目进行备料，工器具及安全用具应充足且符合要求。 2. 工作开始前，检查现场使用的各类工具、材料、备品备件合格完好。 3. 准备好相关作业指导书、安全技术措施及其他相关文件资料	
	高处坠落	1. 选用合格的安全带、安全绳，并按使用要求正确佩戴。 2. 登塔前检查安全钢丝绳是否牢固，有无变形及破损。 3. 使用机舱内部吊车时，应将安全绳挂在机舱内部安全环上	
	高处落物	1. 进入作业现场，穿合格的防砸鞋，正确佩戴合格的安全帽，帽带按要求系好。 2. 两人同时上下爬梯时，一人必须将每段塔筒的盖板盖好后，另一人方可上下。 3. 携带工具上下爬梯时，必须使用专用工具包，且携带工具的人员后上先下。 4. 风机下面人员及车辆严禁滞留时间过长。 5. 车辆停在叶片的上风向，严禁停在叶片、机舱底部	

工作内容	存在的危险点	采取的预控措施	备注
更换集电环、碳刷	机械伤害	1. 拆装时，专用工具要卡牢，不要用力过猛。 2. 工作位置选择适当，身体、手不在受力体与坚硬物体之间。 3. 套筒头和力矩扳手连接须牢固。 4. 在小空间内作业，注意周围环境，避免磕碰伤害。 5. 力矩扳手使用后应将力矩值恢复零位。 6. 更换前，触发急停按钮，锁住刹车盘	
	触电	1. 停、送电过程中操作人员应戴绝缘手套，穿绝缘鞋，按正确的操作步骤进行。 2. 在使用服务小吊车时，注意与箱式变压器及架空线路保持足够的安全距离。 3. 拆装时需要设置专人监护。 4. 拉开与拆装相关的检修设备电源，并进行验电，确无电压后，方可工作	
	交通安全	1. 驾驶员出车前应检查车辆安全状况良好。 2. 车辆应由公司准驾人员驾驶。 3. 驾驶员出车前或途中严禁饮酒。 4. 车辆行驶过程中，乘车人员禁止与驾驶员交谈。 5. 驾车过程中严禁接打电话	

续表

工作内容	存在的危险点	采取的预控措施	备注
更换集电环、碳刷	设备损坏	1. 更换完经测试通过后，方可运行。 2. 调整碳刷架弹簧预紧力，使新碳刷与集电环表面接触良好。 3. 整个更换过程应按照作业指导书的要求进行。 4. 使用专用测量仪测量，使集电环中心连杆与联轴节水平一致。 5. 新碳刷必须安装到位，避免连接部分和导体接触，导致接地。 6. 将集电环室内的碳粉清理干净。 7. 按照作业指导书要求对各个连接部位进行力矩紧固，确保预紧力一致。 8. 力矩扳手使用前要进行力矩校验，校验合格后，方可使用	
	作业环境	1. 工作前严格执行作业指导书的规定作业风速，不得超出规定风速进行作业。 2. 环境温度低于－40℃不允许作业。 3. 大风、雷雨、大雾等恶劣天气禁止作业。 4. 当风速大于10m/s时，注意服务吊车的使用，防止刮碰	
更换散热器	精神状态	工作负责人发现作业人员精神不振、注意力不集中时，应询问、提醒，必要时更换合格的作业人员	
	人员组织	1. 班长应根据工作内容合理安排能胜任该项工作的人员担任工作负责人，并与工作负责人共同安排小组负责人及工作班成员。 2. 小组分工及人员搭配合理，安排适当	

工作内容	存在的危险点	采取的预控措施	备注
更换散热器	防护用品	1. 准备齐全、合格的安全防护用品，使用前认真检查，破损及不符合要求的及时更换。 2. 作业人员应按要求穿工作服，着装规范，劳保用品佩戴齐全且规范	
	人身伤害	1. 更换前工作负责人必须办理风力机械工作票，对工作班成员进行全面的安全技术交底，并履行签名确认手续，严禁代签。 2. 更换前将远程控制切换到就地控制，防止远程误操作。 3. 更换时至少有两人在一起工作。 4. 停机后，油管或水管冷却后，方可拆下。 5. 工作中应戴橡胶手套，防止腐蚀皮肤	
	火灾隐患	进入工作现场严禁明火，严禁吸烟	
	备品备件	1. 工作前，针对更换项目进行备料，工器具及安全用具应充足且符合要求。 2. 工作开始前，检查现场使用的各类工具、材料、备品备件合格完好。 3. 准备好相关作业指导书、安全技术措施及其他相关文件资料	

续表

工作内容	存在的危险点	采取的预控措施	备注
更换散热器	高处坠落	1. 选用合格的安全带、安全绳，并按使用要求正确佩戴。 2. 登塔前检查安全钢丝绳是否牢固，有无变形及破损。 3. 使用机舱内部吊车时，应将安全绳挂在机舱内部安全环上。 4. 机舱外部工作时必须使用两条安全绳，左右挂在安全轨双支撑上	
	高处落物	1. 进入作业现场，穿合格的防砸鞋，正确佩戴合格的安全帽，帽带按要求系好。 2. 两人同时上下爬梯时，一人必须将每段塔筒的盖板盖好后，另一人方可上下。 3. 携带工具上下爬梯时，必须使用专用工具包，且携带工具的人员后上先下。 4. 风机下面人员及车辆严禁滞留时间过长。 5. 车辆停在叶片的上风向，严禁停在叶片、机舱底部	
	机械伤害	1. 拆装时，专用工具要卡牢，不要用力过猛。 2. 工作位置选择适当，身体、手不在受力体与坚硬物体之间。 3. 套筒头和力矩扳手连接须牢固。 4. 在小空间内作业，注意周围环境，避免磕碰伤害	
	触电	1. 停、送电过程中操作人员应戴绝缘手套，穿绝缘鞋，按正确的操作步骤进行。 2. 在使用服务小吊车时，注意与箱式变压器及架空线路保持足够的安全距离	

工作内容	存在的危险点	采取的预控措施	备注
更换散热器	交通安全	1. 驾驶员出车前应检查车辆安全状况良好。 2. 车辆应由公司准驾人员驾驶。 3. 驾驶员出车前或途中严禁饮酒。 4. 车辆行驶过程中，乘车人员禁止与驾驶员交谈。 5. 驾车过程中严禁接打电话	
	设备损坏	1. 连接管应按照要求固定好，防止磨损。 2. 拆装时应轻抬慢放，注意力集中，拿稳扶好，配合默契。 3. 整个更换过程应按照作业指导书的要求进行。 4. 更换后进行测试，防止有渗漏现象。 5. 按照作业指导书要求对各个连接部位进行力矩紧固，确保预紧力一致。 6. 力矩扳手使用前要进行力矩校验，校验合格后，方可使用	
	作业环境	1. 工作前严格执行作业指导书的规定作业风速，不得超出规定风速进行作业。 2. 环境温度低于-40℃不允许作业。 3. 大风、雷雨、大雾等恶劣天气禁止作业。 4. 当风速大于10m/s时，注意服务吊车的使用，防止刮碰	

续表

工作内容	存在的危险点	采取的预控措施	备注
更换风速仪	精神状态	工作负责人发现作业人员精神不振、注意力不集中时，应询问、提醒，必要时更换合格的作业人员	
	人员组织	1. 班长应根据工作内容合理安排能胜任该项工作的人员担任工作负责人，并与工作负责人共同安排小组负责人及工作班成员。 2. 小组分工及人员搭配合理，安排适当	
	防护用品	1. 准备齐全、合格的安全防护用品，使用前认真检查，破损及不符合要求的及时更换。 2. 作业人员应按要求穿工作服，着装规范，劳保用品佩戴齐全且规范	
	人身伤害	1. 更换前工作负责人必须办理风力机械工作票，对工作班成员进行全面的安全技术交底，并履行签名确认手续，严禁代签。 2. 更换前将远程控制切换到就地控制，防止远程误操作。 3. 更换时至少有两人在一起工作	
	火灾隐患	进入工作现场严禁明火，严禁吸烟	
	备品备件	1. 工作前，针对更换项目进行备料，工器具及安全用具应充足且符合要求。 2. 工作开始前，检查现场使用的各类工具、材料、备品备件合格完好。 3. 准备好相关作业指导书、安全技术措施及其他相关文件资料	

工作内容	存在的危险点	采取的预控措施	备注
更换风速仪	高处坠落	1. 选用合格的安全带、安全绳，并按使用要求正确佩戴。 2. 登塔前检查安全钢丝绳是否牢固，有无变形及破损。 3. 使用机舱内部吊车时，应将安全绳挂在机舱内部安全环上。 4. 机舱外部工作时必须使用两条安全绳，左右挂在安全轨双支撑上	
	高处落物	1. 进入作业现场，穿合格防砸鞋，正确佩戴合格的安全帽，帽带按要求系好。 2. 两人同时上下爬梯时，一人必须将每段塔筒的盖板盖好后，另一人方可上下。 3. 携带工具上下爬梯时，必须使用专用工具包，且携带工具的人员后上先下。 4. 风机下面人员及车辆严禁滞留时间过长。 5. 车辆停在叶片的上风向，严禁停在叶片、机舱底部	
	机械伤害	1. 拆装时，专用工具要卡牢，不要用力过猛。 2. 工作位置选择适当，身体、手不在受力体与坚硬物体之间。 3. 在小空间内作业，注意周围环境，避免磕碰伤害	
	触电	1. 停、送电过程中操作人员应戴绝缘手套，穿绝缘鞋，按正确的操作步骤进行。 2. 在使用服务小吊车时，注意与箱式变压器及架空线路保持足够的安全距离	

续表

工作内容	存在的危险点	采取的预控措施	备注
更换风速仪	交通安全	1. 驾驶员出车前应检查车辆安全状况良好。 2. 车辆应由公司准驾人员驾驶。 3. 驾驶员出车前或途中严禁饮酒。 4. 车辆行驶过程中，乘车人员禁止与驾驶员交谈。 5. 驾车过程中严禁接打电话	
	设备损坏	1. 更换后，在服务模式下自动偏航，观察机舱是否自动对风，适当调整风速仪位置，保证风机在最佳迎风面。 2. 拆装时应注意力集中，拿稳扶好，防止掉落。 3. 整个更换过程应按照作业指导书的要求进行。 4. 拆下的接线要做好记录，防止恢复时误接线	
	作业环境	1. 工作前严格执行作业指导书的规定作业风速，不得超出规定风速进行作业。 2. 环境温度低于−40℃不允许作业。 3. 大风、雷雨、大雾等恶劣天气禁止作业。 4. 当风速大于10m/s时，注意服务吊车的使用，防止刮碰	
更换刹车盘	精神状态	工作负责人发现作业人员精神不振、注意力不集中时，应询问、提醒，必要时更换合格的作业人员	
	人员组织	1. 班长应根据工作内容合理安排能胜任该项工作的人员担任工作负责人，并与工作负责人共同安排小组负责人及工作班成员。 2. 小组分工及人员搭配合理，安排适当	

工作内容	存在的危险点	采取的预控措施	备注
更换刹车盘	防护用品	1. 准备齐全、合格的安全防护用品，使用前认真检查，破损及不符合要求的及时更换。 2. 作业人员应按要求穿工作服，着装规范，劳保用品佩戴齐全且规范	
	人身伤害	1. 更换前工作负责人必须办理风力机械工作票，对工作班成员进行全面的安全技术交底，并履行签名确认手续，严禁代签。 2. 更换前将远程控制切换到就地控制，防止远程误操作。 3. 更换时至少有两人在一起工作	
	火灾隐患	1. 进入工作现场严禁明火，严禁吸烟。 2. 如需动火须办理动火工作票，经总工程师及以上领导批准后方可开工	
	备品备件	1. 工作前，针对更换项目进行备料，工器具及安全用具应充足且符合要求。 2. 工作开始前，检查现场使用的各类工具、材料、备品备件合格完好。 3. 准备好相关作业指导书、安全技术措施及其他相关文件资料	
	高处坠落	1. 选用合格的安全带、安全绳，并按使用要求正确佩戴。 2. 登塔前检查安全钢丝绳是否牢固，有无变形及破损。 3. 使用机舱内部吊车时，应将安全绳挂在机舱内部安全环上	

续表

工作内容	存在的危险点	采取的预控措施	备注
更换刹车盘	高处落物	1. 进入作业现场，穿合格的防砸鞋，正确佩戴合格的安全帽，帽带按要求系好。 2. 两人同时上下爬梯时，一人必须将每段塔筒的盖板盖好后，另一人方可上下。 3. 携带工具上下爬梯时，必须使用专用工具包，且携带工具的人员后上先下。 4. 风机下面人员及车辆严禁滞留时间过长。 5. 车辆停在叶片的上风向，严禁停在叶片、机舱底部	
	机械伤害	1. 拆装时，专用工具要卡牢，不要用力过猛。 2. 工作位置选择适当，身体、手不在受力体与坚硬物体之间。 3. 套筒头和力矩扳手连接须牢固。 4. 在小空间内作业，注意周围环境，避免磕碰伤害。 5. 力矩扳手使用后应将力矩值恢复零位。 6. 触发急停按钮，并通过泄压阀泄压	
	触电	1. 停、送电过程中操作人员应戴绝缘手套，穿绝缘鞋，按正确的操作步骤进行。 2. 在使用服务小吊车时，注意与箱式变压器及架空线路保持足够的安全距离。 3. 拆装接线时需要设置专人监护。 4. 拉开与拆装相关的检修设备电源，并进行验电，确无电压后，方可工作	

工作内容	存在的危险点	采取的预控措施	备注
更换刹车盘	交通安全	1. 驾驶员出车前应检查车辆安全状况良好。 2. 车辆应由公司准驾人员驾驶。 3. 驾驶员出车前或途中严禁饮酒。 4. 车辆行驶过程中，乘车人员禁止与驾驶员交谈。 5. 驾车过程中严禁接打电话	
	设备损坏	1. 触发急停按钮，并通过泄压阀泄压。 2. 安装完毕经测试合格后，方可运行。 3. 整个更换过程应按照作业指导书的要求进行。 4. 按照作业指导书要求对各个连接部位进行力矩紧固，确保预紧力一致。 5. 力矩扳手使用前要进行力矩校验，校验合格后，方可使用。 6. 迎风面偏航90°，锁定叶轮锁及轮毂内部90°锁，两侧锁定销须安装到位防止脱落	
	作业环境	1. 工作前严格执行作业指导书的规定作业风速，不得超出规定风速进行作业。 2. 环境温度低于-40℃不允许作业。 3. 大风、雷雨、大雾等恶劣天气禁止作业。 4. 当风速大于10m/s时，注意服务吊车的使用，防止刮碰	

工作内容	存在的危险点	采取的预控措施	备注
更换偏航计数器	精神状态	工作负责人发现作业人员精神不振、注意力不集中时，应询问、提醒，必要时更换合格的作业人员	
	人员组织	1. 班长应根据工作内容合理安排能胜任该项工作的人员担任工作负责人，并与工作负责人共同安排小组负责人及工作班成员。 2. 小组分工及人员搭配合理，安排适当	
	防护用品	1. 准备齐全、合格的安全防护用品，使用前认真检查，破损及不符合要求的及时更换。 2. 作业人员应按要求穿工作服，着装规范，劳保用品佩戴齐全且规范	
	人身伤害	1. 更换前工作负责人必须办理风力机械工作票，对工作班成员进行全面的安全技术交底，并履行签名确认手续，严禁代签。 2. 更换前将远程控制切换到就地控制，防止远程误操作。 3. 更换时至少有两人在一起工作	
	火灾隐患	1. 进入工作现场严禁明火，严禁吸烟。 2. 如需动火须办理动火工作票，经总工程师及以上领导批准后方可开工	
	备品备件	1. 工作前，针对更换项目进行备料，工器具及安全用具应充足且符合要求。 2. 工作开始前，检查现场使用的各类工具、材料、备品备件合格完好。 3. 准备好相关作业指导书、安全技术措施及其他相关文件资料	

工作内容	存在的危险点	采取的预控措施	备注
更换偏航计数器	高处坠落	1. 选用合格的安全带、安全绳，并按使用要求正确佩戴。 2. 登塔前检查安全钢丝绳是否牢固，有无变形及破损。 3. 使用机舱内部吊车时，应将安全绳挂在机舱内部安全环上	
	高处落物	1. 进入作业现场，穿合格的防砸鞋，正确佩戴合格的安全帽，帽带按要求系好。 2. 两人同时上下爬梯时，一人必须将每段塔筒的盖板盖好后，另一人方可上下。 3. 携带工具上下爬梯时，必须使用专用工具包，且携带工具的人员后上先下。 4. 风机下面人员及车辆严禁滞留时间过长。 5. 车辆停在叶片的上风向，严禁停在叶片、机舱底部	
	机械伤害	1. 拆装时，专用工具要卡牢，不要用力过猛。 2. 工作位置选择适当，身体、手不在受力体与坚硬物体之间。 3. 套筒头和力矩扳手连接须牢固。 4. 在小空间内作业，注意周围环境，避免磕碰伤害	
	触电	1. 停、送电过程中操作人员应戴绝缘手套，穿绝缘鞋，按正确的操作步骤进行。 2. 在使用服务小吊车时，注意与箱式变压器及架空线路保持足够的安全距离。 3. 拆装接线时需要设置专人监护。 4. 拉开相关的检修设备电源，并进行验电，确无电压后，方可工作	

续表

工作内容	存在的危险点	采取的预控措施	备注
更换偏航计数器	交通安全	1. 驾驶员出车前应检查车辆安全状况良好。 2. 车辆应由公司准驾人员驾驶。 3. 驾驶员出车前或途中严禁饮酒。 4. 车辆行驶过程中，乘车人员禁止与驾驶员交谈。 5. 驾车过程中严禁接打电话	
	设备损坏	1. 拆下的接线要做好记录，防止恢复时误接线。 2. 安装完毕经测试合格后，方可运行。 3. 手动偏航将动力电缆完全解缆，达到电缆竖直状态。 4. PLC调整归零。 5. 新的偏航计数器按照图纸要求调到初始位置。 6. 整个更换过程应按照作业指导书的要求进行	
	作业环境	1. 工作前严格执行作业指导书的规定作业风速，不得超出规定风速进行作业。 2. 环境温度低于－40℃不允许作业。 3. 大风、雷雨、大雾等恶劣天气禁止作业。 4. 当风速大于10m/s时，注意服务吊车的使用，防止刮碰	

工作内容	存在的危险点	采取的预控措施	备注
更换偏航减速器	精神状态	工作负责人发现作业人员精神不振、注意力不集中时，应询问、提醒，必要时更换合格的作业人员	
	人员组织	1. 班长应根据工作内容合理安排能胜任该项工作的人员担任工作负责人，并与工作负责人共同安排小组负责人及工作班成员。 2. 小组分工及人员搭配合理，安排适当	
	防护用品	1. 准备齐全、合格的安全防护用品，使用前认真检查，破损及不符合要求的及时更换。 2. 作业人员应按要求穿工作服，着装规范，劳保用品佩戴齐全且规范	
	人身伤害	1. 更换前工作负责人必须办理风力机械工作票，对工作班成员进行全面的安全技术交底，并履行签名确认手续，严禁代签。 2. 更换前将远程控制切换到就地控制，防止远程误操作。 3. 更换时至少有两人在一起工作	
	火灾隐患	1. 进入工作现场严禁明火，严禁吸烟。 2. 如需动火须办理动火工作票，经总工程师及以上领导批准后方可开工	

续表

工作内容	存在的危险点	采取的预控措施	备注
更换偏航减速器	备品备件	1. 工作前，针对更换项目进行备料，工器具及安全用具应充足且符合要求。 2. 工作开始前，检查现场使用的各类工具、材料、备品备件合格完好。 3. 准备好相关作业指导书、安全技术措施及其他相关文件资料	
	高处坠落	1. 选用合格的安全带、安全绳，并按使用要求正确佩戴。 2. 登塔前检查安全钢丝绳是否牢固，有无变形及破损。 3. 使用机舱内部吊车时，应将安全绳挂在机舱内部安全环上	
	高处落物	1. 进入作业现场，穿合格的防砸鞋，正确佩戴合格的安全帽，帽带按要求系好。 2. 两人同时上下爬梯时，一人必须将每段塔筒的盖板盖好后，另一人方可上下。 3. 携带工具上下爬梯时，必须使用专用工具包，且携带工具的人员后上先下。 4. 风机下面人员及车辆严禁滞留时间过长。 5. 车辆停在叶片的上风向，严禁停在叶片、机舱底部	
	机械伤害	1. 拆装时，专用工具要卡牢，不要用力过猛。 2. 工作位置选择适当，身体、手不在受力体与坚硬物体之间。 3. 套筒头和力矩扳手连接须牢固。 4. 在小空间内作业，注意周围环境，避免磕碰伤害	

工作内容	存在的危险点	采取的预控措施	备注
更换偏航减速器	触电	1. 停、送电过程中操作人员应戴绝缘手套，穿绝缘鞋，按正确的操作步骤进行。 2. 在使用服务小吊车时，注意与箱式变压器及架空线路保持足够的安全距离。 3. 拆装接线时需要设置专人监护。 4. 拉开相关的检修设备电源，并进行验电，确无电压后，方可工作	
	交通安全	1. 驾驶员出车前应检查车辆安全状况良好。 2. 车辆应由公司准驾人员驾驶。 3. 驾驶员出车前或途中严禁饮酒。 4. 车辆行驶过程中，乘车人员禁止与驾驶员交谈。 5. 驾车过程中严禁接打电话	
	设备损坏	1. 拆下的接线要做好记录，防止恢复时误接线。 2. 安装完毕经测试合格后，方可运行。 3. 拆装时应轻抬慢放，注意力集中，拿稳扶好，配合默契。 4. 检查新安装设备是否缺油及外观有无损坏。 5. 整个更换过程应按照作业指导书的要求进行	
	作业环境	1. 工作前严格执行作业指导书的规定作业风速，不得超出规定风速进行作业。 2. 环境温度低于－40℃不允许作业。 3. 大风、雷雨、大雾等恶劣天气禁止作业。 4. 当风速大于10m/s时，注意服务吊车的使用，防止刮碰	

续表

工作内容	存在的危险点	采取的预控措施	备注
更换刹车卡钳	精神状态	工作负责人发现作业人员精神不振、注意力不集中时，应询问、提醒，必要时更换合格的作业人员	
	人员组织	1. 班长应根据工作内容合理安排能胜任该项工作的人员担任工作负责人，并与工作负责人共同安排小组负责人及工作班成员。 2. 小组分工及人员搭配合理，安排适当。 3. 作业前应对临时工、外协人员进行安全教育培训和考试，方可参加工作，确保所有选派的工作成员各项素质符合工作要求	
	防护用品	1. 准备齐全、合格的安全防护用品，使用前认真检查，破损及不符合要求的及时更换。 2. 作业人员应按要求穿工作服，着装规范，劳保用品佩戴齐全且规范	
	人身伤害	1. 更换前工作负责人必须办理风力机械工作票，对工作班成员进行全面的安全技术交底，并履行签名确认手续，严禁代签。 2. 更换前将远程控制切换到就地控制，防止远程误操作	
	火灾隐患	1. 进入工作现场严禁明火，严禁吸烟。 2. 如需动火须办理动火工作票，经总工程师及以上领导批准后方可开工	
	备品备件	1. 工作前，针对更换叶片项目进行备料，工器具及安全用具应充足且符合要求。 2. 工作开始前，检查现场使用的各类工具、材料、备品备件合格完好。 3. 准备好相关作业指导书、安全技术措施及其他相关文件资料	

工作内容	存在的危险点	采取的预控措施	备注
更换刹车卡钳	高处坠落	1. 选用合格的安全带、安全绳，并按使用要求正确佩戴。 2. 登塔前检查安全钢丝绳是否牢固，有无变形及破损。 3. 机舱外部工作时必须使用两条安全绳，左右挂在安全轨双支撑上。 4. 使用机舱内部吊车时，应将安全绳挂在机舱内部安全环上	
	高处落物	1. 进入作业现场，穿合格的防砸鞋，正确佩戴合格的安全帽，帽带按要求系好。 2. 两人同时上下爬梯时，一人必须将每段塔筒的盖板盖好后，另一人方可上下。 3. 携带工具上下爬梯时，必须使用专用工具包，且携带工具的人员后上先下。 4. 风机下面人员及车辆严禁滞留时间过长。 5. 车辆停在叶片的上风向，严禁停在叶片、机舱底部	
	机械伤害	1. 使用液压扳手时，手握在液压扳手运动反方向部位，防止挤压手指。 2. 液压扳手头在螺栓上卡好后再施加压力，工作成员之间必须配合默契。 3. 套筒头和力矩扳手连接须牢固，施加力矩注意把握节奏。 4. 液压油管不允许折弯，快速接头须连接完好。 5. 液压扳手使用后应泄压至零位，并断开电源；力矩扳手使用后应将力矩值恢复零位。 6. 更换液压卡钳时，必须泄压至零。 7. 在小空间内作业，注意周围环境，避免磕碰伤害	

续表

工作内容	存在的危险点	采取的预控措施	备注
更换刹车卡钳	触电	1. 液压扳手取电源时，须验电，戴绝缘手套，并将金属外壳可靠接地。 2. 停、送电过程中操作人员应戴绝缘手套，穿绝缘鞋，按正确的操作步骤进行。 3. 在使用服务小吊车时，注意与箱式变压器及架空线路保持足够的安全距离	
	交通安全	1. 驾驶员出车前应检查车辆安全状况良好。 2. 车辆应由公司准驾人员驾驶。 3. 驾驶员出车前或途中严禁饮酒。 4. 车辆行驶过程中，乘车人员禁止与驾驶员交谈。 5. 驾车过程中严禁接打电话	
	设备损坏	1. 选用正确、完好的吊具；锐角吊孔须用加卸扣，不允许直接用吊带。 2. 拆下的接线要做好记录，防止恢复时误接线。 3. 整个更换过程应按照作业指导书的要求进行操作。 4. 使用检验合格的吊具，吊具规格应符合卡钳重量要求。 5. 按照作业指导书要求对各个连接部位进行力矩紧固，确保预紧力一致。 6. 力矩扳手、液压扳手使用前要进行力矩校验，校验合格后，方可使用